建筑室内设计——
从风格研究到实践

孙沐希 李碧娥 著

延吉·延边大学出版社

图书在版编目（CIP）数据

建筑室内设计：从风格研究到实践 / 孙沐希，李碧娥
著 . -- 延吉：延边大学出版社，2023.10
ISBN 978-7-230-05863-6

Ⅰ.①建… Ⅱ.①孙… ②李… Ⅲ.①室内装饰设计
Ⅳ.① TU238.2

中国国家版本馆 CIP 数据核字 (2023) 第 214274 号

建筑室内设计——从风格研究到实践

著　　者：孙沐希　李碧娥
责任编辑：翟秀薇
封面设计：文合文化
出版发行：延边大学出版社
社　　址：吉林省延吉市公园路 977 号　　　　邮　编：133002
网　　址：http://www.ydcbs.com　　　　　E-mail：ydcbs@ydcbs.com
电　　话：0433-2732435　　　　　　　　　传　真：0433-2732434
印　　刷：三河市嵩川印刷有限公司
开　　本：787 毫米 ×1092 毫米　　1/16
印　　张：11.5
字　　数：200 千字
版　　次：2023 年 10 月第 1 版
印　　次：2024 年 1 月第 1 次印刷
书　　号：ISBN 978-7-230-05863-6

定　　价：58.00 元

前　　言

　　人的大部分时间是在室内度过的，因此，人们设计、创造的建筑室内环境必然会关系到人们的安全、健康和工作效率。室内设计是建筑设计的继续和深化，是室内空间和环境的再创造；同时，也是建筑的灵魂，是人与环境的联系，是人类艺术与物质文明的结合。随着社会的不断发展，人们已经认识到，知识经济的体系的变化将使我们以新的姿态来面对 21 世纪的挑战。因此，专业与专业之间的相互渗透、相互介入及相互融合已成为时代发展的必然。随着建筑内部空间的使用功能日趋复杂，对室内设计也提出了全新的要求。

　　本书系统地阐述了建筑室内设计各个历史时期的风格，不仅叙述了人体工程学，空间设计的构成等设计序列，空间的组织、分隔设计方法，还对室内空间的各个界面设计及家具和陈设的设计方法，以及利用室内的采光照明、灯具，色彩的生理、心理、质感的设计营造空间环境氛围进行了明确的讲解，分析了建筑室内设计系统的要素、建筑室内设计流程、不同维度下的室内设计实践。本书论述科学，内容全面，条理清晰，语言朴实，具有较高的参考和收藏价值，可供建筑学、室内设计、环境艺术设计和建筑装饰设计等专业的师生阅读使用，还可作为业余爱好者的自学辅导用书。

CONTENTS 目录

第一章　室内设计基础理论 …………………………………… 1

第一节　室内设计的含义 …………………………………… 1

第二节　室内设计的目的和任务 …………………………… 2

第三节　室内设计的内容 …………………………………… 3

第四节　室内设计的分类 …………………………………… 4

第五节　室内设计的原则 …………………………………… 7

第二章　建筑室内设计的传统风格 ……………………… 10

第一节　中式风格 …………………………………………… 10

第二节　和式风格 …………………………………………… 15

第三节　意式古典风格 ……………………………………… 18

第四节　法式古典风格 ……………………………………… 22

第五节　英式古典风格 ……………………………………… 25

第六节　德式古典风格 ………………………………… 27

第七节　美式古典风格 ………………………………… 29

第八节　地中海风格 …………………………………… 32

第三章　建筑室内设计的现代风格 ……………………… 38

第一节　现代主义建筑风格 …………………………… 38

第二节　北欧风格 ……………………………………… 41

第三节　简约主义风格 ………………………………… 44

第四节　前卫风格 ……………………………………… 47

第五节　自然风格 ……………………………………… 48

第六节　英国田园风格 ………………………………… 50

第七节　美国乡村风格 ………………………………… 51

第四章　室内风格设计 ………………………………… 55

第一节　室内色彩风格设计 …………………………… 55

第三节　室内照明风格设计 …………………………… 59

第四节　室内软装风格设计 …………………………… 64

第五章　室内设计系统的要素 ………………………… 74

第一节　空间设计要素 ………………………………… 74

第二节　构造设计要素 ………………………………… 90

第三节　界面设计要素 ………………………………… 103

第六章　建筑室内设计流程 ………………………………………… 113

第一节　明确客户需求 ………………………………………… 113

第二节　制定设计标准 ………………………………………… 115

第三节　设计方案程序 ………………………………………… 119

第四节　施工现场管理 ………………………………………… 122

第七章　不同维度下的室内设计实践 ……………………… 127

第一节　心理学视域下的室内环境设计 ……………………… 127

第二节　智能化理念下的室内陈设设计 ……………………… 161

参考文献 ……………………………………………………… 174

第一章 室内设计基础理论

第一节 室内设计的含义

室内设计是指人们根据建筑物的使用性质、所处环境和相应标准，将自身的环境意识与审美意识结合，创造功能合理、舒适优美、满足人们物质和精神生活需要的室内空间的活动。具体地说，室内设计就是指根据建筑室内的使用性质和所处的环境，运用物质材料、工艺技术及艺术的手段，创造出功能合理、舒适美观、符合人的生理和心理需求的内部空间；赋予使用者愉悦的，便于生活、工作、学习的居住与工作环境。

从广义上说，室内设计就是改善人类建筑室内生存环境的创造性活动。这一创造性活动既可反映历史文脉、建筑风格、环境气氛等精神因素，也可反映经济发展水平和科学技术发展水平。

人们常把室内装潢、室内装饰、室内装修、室内设计混为一谈，实际上它们是有区别的。室内装潢偏重"装潢"二字，注重外表的包装，室内地面、墙面、顶棚等各界面的色彩处理，装饰材料的选用、配置效果等，主要是为了营造一定的视觉效果。室内装饰偏重于装饰品的装点和风格、品位的塑造，如小品、陈设、灯具、家具等。室内装修着重于工程技术、施工工艺和构造做法等方面，就是指土建完成后，对室内各个界面、门窗、隔断等的装修。室内设计是综合的室内环境设计，它既包括视觉方面的设计，也包括工程技术方面的

1

声、光、热等物理环境的设计，还包括氛围、意境等心理环境和个性特色等地域文化环境等方面的营造。

室内设计将实用性、功能性、审美性与符合人们内心情感的特征有机结合起来，从心理、生理角度激发人们对美的向往、对自然的关爱、对生活质量的追求，在达到使用功能的同时，使人在精神享受、心境舒畅中得到健康的心理平衡，这就是进行室内设计的目的。

第二节　室内设计的目的和任务

一、室内设计的目的

"创造满足人们物质和精神生活需要的室内环境"是室内设计的目的，即以人为本，为人的生产生活活动创造美好的室内环境。

二、室内设计的任务

第一，保护建筑主体结构的牢固性，延长建筑的使用寿命；弥补建筑空间的缺陷与不足，加强建筑的空间序列效果。

第二，提高室内造型的艺术性，满足人们的审美需求。强化建筑及建筑空间的性格、意境和气氛，使不同类型的建筑及建筑空间更具性格特征、情感及艺术感染力。

第三，增强建筑的物理性能和设备的使用效果，提高建筑的综合使用性能。

总而言之，现代室内设计的中心议题是如何通过对室内空间的综合设计，提升室内空间的环境形象，满足人们的生理及心理需求，更好地为人类的生活、生产和活动服务。

第三节　室内设计的内容

　　室内设计是一项改善人类物质空间和精神空间的创造性活动。室内设计涉及"实空间"与"虚空间"两大类，两者相辅相成，不可分离。实空间主要是墙、顶、地三大要素空间，室空间中包含家具、陈设等元素；虚空间主要是通过实空间中的元素呈现而在人的大脑中形成的感知空间，虚空间中包含色彩、光线、尺度、组合原则等元素。综合来说，室内设计的内容可概括为四个方面，即室内空间的设计，室内物理环境的设计，室内建筑和装饰要素的设计，室内家具与陈设的设计。

一、室内空间的设计

　　空间设计是对原有建筑的细化和深化，是对建筑物内部空间比例的调整、空间元素的重组、空间功能的变化、空间顺序的组织。空间内部比例的调整和元素的重组，可以使空间的各项功能更齐全，使空间更加合理化。设计的内容已从原始的墙、顶、地三大界面转化为空间环境、意境、情感等三维、四维的空间设计。

二、室内物理环境的设计

　　室内物理环境一般包括室内空间的声（研究室内声的处理方式以及噪声的控制）、光（研究室内自然光与人工光的综合优化利用）、热（热工学，主要研究室内外热温作用对建筑围护结构和环境的影响）。声、光、热是室内物理环境主要的研究对象，而今天室内设计在很大程度上也注重室内空气质量与室内水质量。

三、室内建筑和装饰要素的设计

室内建筑围合的实空间主要包括墙、顶、地、楼梯、梁柱、门窗、隔断等。根据建筑空间原有的形式以及功能要求来对室内空间进行细节深化设计，从空间的角度来确定设计的形式，主要包括虚实的空间、建筑的界面、界面的材料、材料的肌理、呈现的色彩、灯光的感情等元素。对空间的再次设计，满足人们对使用功能、私密要求、文脉传承、风格选择、感情给予等的需求。

四、室内家具与陈设的设计

在室内设计的过程中，室内的家具、灯具、陈设品、绿化等，是空间设计与氛围营造的重要元素，室内家具与陈设的选择和重新搭配决定了空间效果。

第四节　室内设计的分类

根据建筑物的使用功能，室内设计的分类如下。

一、居住空间室内设计

居住空间室内设计主要涉及住宅、公寓、宿舍、别墅等空间的室内设计，具体包括前室、起居室、餐厅、书房、工作室、卧室、厨房、卫生间、阁楼、过道、玄关的设计。

居住空间的设计目的是在一定空间范围内，使人居住起来方便、舒适。居住空间不一定大，却涉及多方面的知识，包括心理、行为、功能、空间界面、采光、照明、通风以及人体工程学等，而且每一个问题都和人的日常起居关系密切，要考虑使用者的生活习惯、宗教信仰、文化习性等方面。

二、公共建筑室内设计

文教建筑室内设计主要涉及幼儿园、学校、图书馆的室内设计，具体包括门厅、过厅、中庭、教室、活动室、阅览室、实验室、机房、实训室、校史馆等的室内设计。

文教建筑的世俗性和公共性较强，文化品位较高。建筑物外部大多富有极强的表现力和象征性，而建筑内部在人体工程的基础之上更追求独特性和舒适性。

医疗建筑室内设计主要涉及医院、社区诊所、疗养院的建筑室内设计，具体包括门诊室、检查室、手术室和病房等的室内设计。

医疗建筑室内设计要注意流线及专门的医疗要求，涉及内容较多。在设计过程中更要注意意境和环境的营造，色彩上主体色调及辅助色彩要层次分明，其中点缀色的使用非常重要。如盆栽、装饰画等点缀品，可以使空间变得活泼并且充满生机，增强患者战胜病魔的信心，同时也有利于调节医务工作者的工作情绪。

现代医疗空间应贯彻"人性化、功能化、生态化"的设计理念，打造一个温馨、人文、科技的诊疗环境，满足医患的生理需求、心理需求，以提升医院的文化形象，提高医院的竞争力。

三、办公建筑室内设计

办公建筑室内设计主要涉及行政办公楼和商业办公楼内部的办公室、会议室以及报告厅等的室内设计。办公室空间装修讲究现代感和秩序感，对采光、保温和通风要求比较高。主要考虑的因素包括：①从功能出发到空间划分的合理性；②办公室入口的整体形象的完美性；③提高公司人员的工作效率；④办公环境给人的心理满足。

现代办公空间设计所面临的难题当属如何不断地创新和保持强有力的竞争优势。随着现代化建筑的发展，现代办公空间环境同人类已并不"亲和"，生态空间的创作已成为设计者的又一种思考方式。在当代的办公空间设计中，我们需要具有一种突破自我的勇气，倡导绿色健康的现代办公空间，把合理性空间与功能性空间有机结合，以"人性化"作为设计的准则，通过平面的变化，打破办公空间环境单调乏味的布局，让办公空间丰富起来。

四、商业建筑室内设计

商业建筑室内设计主要涉及商场、便利店、餐饮建筑的室内设计，具体包括营业厅、专卖店、酒吧、茶室、餐厅、咖啡厅等的室内设计。

在商业空间设计中，顾客的需求与感受不容忽视。在满足功能需求的前提下，尽可能考虑顾客的感受，完善空间功能，营造舒适优雅的空间环境。空间的色彩、尺度、材质、造型都能传达不同的心理感受，应与顾客的消费需求、行为模式以及心理状态相适应。商业空间的规划设计更应具有创新性。作为设计师，更应考虑整个社会的发展、人们的生活质量和时代的演进，为消费者设计出具有时代感的商业空间。除此之外，商业空间对灯光的要求很高，灯光的设计往往成为商业空间中的加分项，但对于不同的空间灯光设计的要求也不同。

五、展览建筑室内设计

展览建筑室内设计主要涉及各种美术馆、展览馆和博物馆的室内设计，具体包括展厅和展廊等的室内设计。

展示空间有流动性强的特点。展示空间设计要注意动态性和节奏性的展示形式，这都是由人为因素决定的。人们在展示空间设计中，处于相对运动的状态，所以只有在运动中才能获得参观的体验。因此，展示空间需要根据这一要求来安排最合理的方法，从而使观众来参观。不要设计重复的路线，应设计一条有序的主线贯穿大厅，引导观众的参观路线，让人们完整地参观展台并留下深刻印象，再设计一条无序自由的动线。对于展台，设计师可以用富有创意的展示设计手法来吸引观众的目光。展示空间设计也要让他们感受到空间变化带来的魅力和趣味。

六、娱乐建筑室内设计

娱乐建筑室内设计主要涉及舞厅、歌厅、KTV、游艺厅等的室内设计。在规划娱乐空间的时候，需要考虑它的功能性和实用性。休闲娱乐空间的规划也要有满足的艺术性。不同的娱乐空间，规划风格也不同，设计师不仅要考虑文娱空间的空气、意境，还要考虑人们处于娱乐空间时的心理感触，要让娱乐空间有满足的美感。

七、体育建筑室内设计

体育建筑室内设计主要涉及各种类型的体育馆、游泳馆的室内设计，具体包括用于不同体育项目的比赛和训练及配套的辅助用房等的室内设计。

第五节　室内设计的原则

随着现代科技的进步，室内设计的要求越来越高，设计师也只能通过开发、创造新的设计作品，才能适应现代社会的要求，从而根据环境、市场、需求的变化不断创新。

一、整体性与独特性的结合

室内设计既是一门相对独立的设计艺术，又是依附于建筑整体的设计。室内设计基于建筑整体设计，是对各种环境、空间要素的重整合和再创造，同时又要遵循业主的要求。因此，室内设计要参考设计师的个人创新，凸显个人风格，将设计的建筑整体性和业主的独特性相结合，将创意构思的独特性和建筑空间的完整性相融合。这是室内设计整体性与独特性结合的根本要求。

二、功能性与艺术性的结合

室内设计作为建筑设计的延续与完善，是一种创造性的活动。为了完善其功能，方便人们在其中活动，需要对空间进行再次设计。在室内设计过程中要求室内空间、室内物理环境、室内建筑和装饰要素、室内家具与陈设，最大限度地满足功能所需。室内环境营造的目标之一是根据人们对于居住、工作、学习、交往、休闲、娱乐等行为和生活方式的要求，不仅在物质层面上满足其对实用及舒适程度的要求，还要与视觉审美方面的要求相结合，这就是室内设计的艺术审美性要求。室内设计营造的空间要求功能性与艺术性的结合，缺少功能性和艺术性其中的任意一个都不能称作是合理的设计。

三、环境创造与心理联想的结合

目前，室内设计越来越多地追求环境的创造和意境的营造，但是在环境创造的过程中并不是堆叠的元素越多越好，而是要利用环境中的各因素、留白、意境营造等手法把人的心理联想组合起来，合理利用人的再造想象和创造想象。

四、时代特征与个性需求的结合

随着现代设计种类的增多，设计元素和素材也不断地更新和变化。在室内设计的过程中，应将时代的设计元素与个性的需求结合，综合考虑地区、文化、具体项目的设计方案，在个性需求的基础之上结合时代的特征创新、创造。

第二章　建筑室内设计的传统风格

第一节　中式风格

一、风格起源

中式风格即中国传统风格。中式室内设计在隋唐时代开始发展，明代已达到顶峰。中国绵延数千年封建王朝的统治，使建筑形态基本上保持隋唐时代以来的一贯特征，室内装饰特征未发生很大变化。现在所见的中式风格，一般是指明清时代以来逐步形成的中国传统风格的装饰，这种风格最能体现中式的家居风范与传统文化的审美意蕴。在西方设计界流传着一个观点："没有中国元素，就没有贵气"，中式风格的魅力可见一斑。

中国传统室内设计风格蕴含三种不同的品质：第一，表现出庄重、典雅的气度，代表着敦厚、方正的礼教精神；第二，流露出飘逸的气韵，象征着深奥、超脱的灵性境界；第三，中国传统的建筑主张"天人合一、浑然一体"，居住讲究"静"和"净"，环境的平和与建筑的含蓄。无论是写意的江南庭院，还是北方独立的四合院，都追求人与环境的和谐共生，讲究居住环境的稳定、安全和归属感。

作为一种独立的表现手法，中式风格具有深厚的文化内涵，与传统的佛道文化颇有渊源。虽然西方的工业革命带来了材料和制造工艺上的飞跃，对中国传统的建筑材料和手工技法有巨大冲击。但从文化的角度来讲，中式风格的核心、品质始终没有发生变化。因此，我们应该发掘中国室内设计文化的精髓，将它延续到我们的现代生活中，以起到振兴中华民族文化的作用。

二、设计手法与装饰元素

中国古代建筑，从结构到装饰均具有端庄的气度和丰华的文采，在空间布局中有明确的格律，采用对称的形式和均衡的手法，划分灵活、讲究层次。这是中国传统礼教的直接反映。中式建筑以木材作为主要建筑材料，木材导热性较低，绝热性能较高，有利于营造"冬暖夏凉"的居室，而且纹理美观、抗震性能较好。在中国古代，室内空间组织上通常采用木框架的结构。木结构中有梁架、斗拱、攀间等构件，这些构件在结构与装饰两方面体现着双重作用。

与西方古代建筑相比，中国古代建筑最显著的特点是采用木结构体系，体现的是木结构之美，而西方采用的是石结构体系。中国古代木结构的基本形式是：首先在地面上竖立起木柱，在垂直的木柱上架设水平的梁枋，再在若干的梁枋上安放椽木，这就构成了整栋房屋的木构架。在椽木上铺设瓦片而成屋顶，柱与柱之间造墙，墙上开设窗户，就构成了房屋的内部空间。这种结构特点是，即便墙与窗破损或改动，房屋的整体结构也不会倒塌，即"墙倒屋不塌"。在现代室内设计中常将木结构的优美形式引入玄关、天井、天花等造型中，独有韵味。

在中式风格建筑中，室内多采用对称式的布局，从室内空间结构来说，以木构架形式为主，格调高雅清新，造型简朴优美，色彩浓重，同时非常讲究空间的层次，常用隔扇、屏风来分割空间。如果居室比较开阔，做成一个"月亮门"式的落地罩、隔扇，配以精雕细刻的花，往往就成了居室中最引人注目之处。

中国传统民居的室内门廊喜用木质圆柱，柱式简洁圆浑，色泽清丽，雕梁画栋，典雅大方。墙壁大都采用建筑材料的原色，或者用白色乳胶、浅色壁纸做成饰面。建筑或木料一般会上漆并绘上丹青彩画作为装饰，梁柱的上半边多用青绿色调，下半部则以红色为主。达官贵人的居室，天花一般以木条相交成方格形，上覆木板，或做一个简单的环形灯池吊顶，用木板包边，漆成花梨木色。一般民居居室不做吊顶，只用雕花木线在屋顶做一个长方形的传统造型。中式传统家居的墙面、地面大多用木地板或石材、地砖、地毯。

中式的门窗对确定室内整体风格很重要。古代中式门窗一般用棂子做成方格图案，讲究一点的还雕出灯笼芯等嵌花图案。现代中式居室大多改装铝合金窗或塑钢窗，内侧有的再加一层中式窗，开窗的一面墙做成一排假窗，上面装置有彩绘的双层玻璃，很有古今相通的意念。

在中式的室内门廊装饰中，常分"框栏"和"格扇"两个部分。框栏是固定的，一般分为上栏、中栏、下栏。上栏与中栏之间安装横披，不能移动。中栏和下栏之间安装门扇，可以开启。横披和门扇统称格扇。中间有"棂子"，上面有花格图案，以菱花方格、六角、八角等几何形态较为多见。

在色调上，中式传统风格的居室多以红、黑、黄这几种最具中国传统特色的颜色营造室内氛围，色彩讲究对比。中式装饰材料以木质为主，讲究雕刻彩绘，造型典雅，多采用酸枝木或大叶檀木等高档硬木，经过工艺大师的精雕细刻，往往每件作品都有一段精彩的故事，而每件作品都能令人对过去产生怀念，对未来产生美好的向往。

在中国传统建筑中，宫廷、寺庙一类建筑色彩比较鲜艳，而且多用原色，色不掺混，对比调和。室内梁柱上半多用蓝、绿色调；下半多用红色，以绛红色为主；顶棚分"天花""藻井"两种形式，均施彩画，以蓝、绿色为主，黑、白、金三色相间。民居建筑常用栗、黑、红、黄等传统色彩营造室内气氛。在江南水乡的民居中，则通常会出现由黛瓦、白墙、灰砖组成的优美、秀丽、淡雅的建筑。

三、家具与陈设

（一）家具

最能体现中国传统家居文化的当数明清古典家具了，现已被赋予"古玩艺术"的概念，其最大的特点是风格古朴自然，外观线条圆润，整体造型简练，工艺精湛细致，格调端庄典雅，体现了功能与精神的结合，家中有古典家具就好比放了陈酿百年的美酒，醇厚醉人。

明式家具以线为主，采用卯榫结构，在跨度较大的局部之间，镶以牙板、牙条、圈口、券口、矮老、霸王枨、罗锅枨、卡子花等。装饰手法有雕、镂、嵌、描。用材也很广泛，有珐琅、竹、牙、玉、石等。少堆砌，不曲意雕环，根据整体要求，在局部位置做小面积的透雕或镶嵌。用材广，有紫檀、花梨、鸡翅木、铁力木、红木、乌木、楠木等。木材纹理自然优美，图案多龙、凤、龟、狮等，精雕细刻、瑰丽奇巧。清式家具更多地表现在各处烦琐的装饰上。

对现代家庭来说，有些业主希望室内不光有现代气息，还要有点怀旧的氛围，这时候就可以适量配置古典家具。中式古典家具的数量不能太多，一般的家庭，只需要购买一两件即可。比如，在会客厅内放置一款做工精致、图案精美的花架与茶几。在餐厅中，放置四把没有扶手的中式靠背椅，形成一个极具中国味的用餐区，而方形或者圆形的椅凳又因为移动方便，可以兼作茶几、官帽椅，这样淳朴沉稳的感觉便油然而生。

（二）陈设

中国传统室内陈设讲究对称与层次，注重文脉意蕴。为渲染气氛，善用字画、卷轴、古玩、金石、山水盆景等加以点缀，引来满室书香，一堂雅气，以追求修身养性的生活境界。人们天天置身于这样一个充满书卷气的环境中，观芝兰之风雅，赏竹菊之清幽，使身心得到艺术的陶冶和纯美的享受。这种陈设格局是中国传统文化和国人生活修养的集中体现，也是我们今天进行现代室内设计需要继承、借鉴的宝贵文化遗产。

博古架，又称多宝格子，其上布置丰富的吉祥图案或实物，称为博古图。吉祥图案的题材大多采自中国神话、历史故事等，其纹样有动物、植物、自然、文字、人物、器物等，既可由单一题材代表意义，也可多样题材组合传达完整的含义。

屏风，中式屏风多用木雕或金漆彩绘，隔扇是固定在地上的，隔扇用实木做出结实的框栏以固定支架，中间用棂子、雕花做成古朴的图案。屏风的制作多样，由挡屏、实木雕花、拼图花板组合而成，还有黑色描金屏风，手工描绘花草以及人物、吉祥图案等，色彩强烈，配搭分明。

条案，在古代多数作供台之用，大型的有 3～4 米长，台上面放着先人的神位，逢年过节烧香拜祭。条案的脚造型多样，有马蹄、卷纹等形状，台面有翘头和平头两种。在现代家居中，有些人也喜欢用条案，如果房子空间小，应将条案规格改小，作风水、玄关之用，放在走廊、客厅、书房等地，台上面摆设自己心爱的装饰品，可衬托和谐、庄严的气氛。

中国结，辣椒形状的中国结寓意来年红红火火，彩球式中国结寓意财源滚滚。中国结不仅妙趣横生，还有丰富含义，如果再加一个铜制的景泰蓝花瓶，将更增古典、雅致之感。

花板，形状多样，有正方形、长方形、八角形、圆形等。雕刻的图案内容多样，中国的传统吉祥图案都能在花板找到，福禄寿禧、万事如意等都有。花板合理的几何感拼图，线条优美，挂在客厅的沙发上面、电视地柜上面，更加营造出一种典雅的气氛。

四、经典建筑

北京故宫（紫禁城）——中式风格范例。

坐落在北京市中心，占地约 72 万平方米的故宫，又名紫禁城，是世界上最大、最完整的古代木结构建筑群体。其内建筑布局严谨、主次有序、气势雄伟、豪华壮丽，是中国古代建筑艺术的精华，体现了中国悠久的文化传统。

整个故宫沿着一条南北向中轴线排列，南有外朝三大殿（太和殿、中和殿、保和殿），北有内廷后三宫（乾清宫、交泰殿、坤宁宫）及御花园，并向两旁展开，南北取直、左右对称，极为壮观。

故宫的外朝是皇帝举行朝会的地方，建筑形象严肃、庄严，象征皇权的至高无上。内廷是封建帝王与后妃生活、居住的地方，富有生活气息，建筑自成院落，有花园、书斋、水榭、山石等。

故宫内有 9000 多间大小宫殿，每间都是飞檐重叠，琉璃连溢。外朝最前面的是太和殿，俗称"金銮殿"，高 35.05 米，面积 2377.00 平方米，是紫禁城诸殿中最大的建筑。太和殿是五脊四坡大殿，从东到西有一条长脊，前后各有斜行垂脊两条，这样就构成五脊四坡的屋面，建筑术语上叫庑殿式。太和殿是重檐庑殿，属封建王朝宫殿等级最高的形式。太和殿整个大殿装饰得金碧辉煌，庄严绚丽，殿内有直径达 1 米的大柱 72 根，其中 6 根围绕御座的是沥粉贴金云龙图案的巨柱。中间是封建皇权的象征——金漆云龙纹宝座，它设在大殿中央七层台阶的高台上，后方摆设着七扇雕有云龙纹的髹金漆大屏风。

外朝中部是中和殿，呈正方形，纵横各三间，屋顶为单檐四角攒尖，单翘重昂七踩斗拱，屋面覆黄色琉璃瓦，中为铜胎鎏金宝顶。殿内雕有金龙，极精致。太和殿举行各种大典前，皇帝先在中和殿小憩，并接受执事官员的朝拜。

外朝后面是保和殿，比太和殿略小。保和殿面阔九间，进深五间，屋顶为重檐歇山顶，上檐为单翘重昂七踩斗拱，下檐为重昂五踩斗拱，上覆黄色琉璃瓦，上下檐角均安放9个小兽。建筑上采用了减柱造做法，将殿内前檐金柱减去6根，使空间宽敞。大殿全部木构和内檐彩画，均为明代万历年间原物。此殿供举行酒宴和殿试之用。

故宫建筑装修和彩画亦极精细绚丽。黄瓦、红墙，朱楹、金扉，白玉雕栏，蓝天彩云，组成了富贵、崇高、雅静的空间。故宫的建筑成就，充分展示了我国古代匠师的高超技艺和创造才能。故宫不仅是我国珍贵的文化遗产，也是世界古建筑宝库中一颗独放异彩的明珠。

第二节　和式风格

一、风格起源

6世纪中叶，佛教自中国传入日本后，佛寺成为日本的主要建筑，并带入了中国南北朝与隋唐时期的建筑形制与技术。从此，日本的建筑不仅在寺庙的布局与形式上仿照中国样式，而且宫殿与神社的建筑也深受中国传统建筑风格的影响。公元8世纪以后，日本传统建筑逐渐形成统一的风格，即在中国唐代建筑特征的基础上开始向日本风格过渡。

13～14世纪，日本的佛教建筑继承了日本佛教寺庙、传统神社和中国唐代建筑的特点，采用歇山顶、深挑檐、架空地板、室外平台、横向木板壁外墙、桧树皮茸屋顶等，外观轻快洒脱，形成了较为成熟的日本和式建筑风格。

和式室内风格直接受日本和式建筑影响，并将佛教、禅宗的意念及茶道、日本文化融入室内设计中，讲究空间的流动与分隔，流动则为一室，分隔则为分几个功能空间，在悠悠的空间中让人们在这里抒发禅意、静静思考。

二、设计手法与装饰元素

日本是人稠地少的国家，早期的日式住宅，空间都比较狭窄，大都建有"和室"，铺榻榻米，往往要承担接待、聚会、用餐、卧室、书房等多种用途。现代日居增加了客厅、餐厅等其他功能配置，一般还会保留一间安装拉门的和式房间，因为老人还习惯睡在榻榻米上。

"和室"布局简洁，追求自然的装饰风格，给人以朴实无华，清新超脱之感。当下，在客厅、餐室以至书房等都已西洋化的形势下，"和室"作为历史悠久的日本国粹，代表了大和民族的一种传统文化精神，其存在有着重要的意义。而"和室"的最大特色就是用榻榻米席地而坐和席地而卧，运用屏风、帘帷、竹帘等划分室内空间，使之白天放置书桌就成为客厅，放上茶具就成为茶室；晚上铺上寝具就成了卧室。由于和室建筑都是木质结构，又不加修饰，使整个环境显得简约、朴实，给人一种自然、清新、超脱的感觉。

和式风格的空间造型极为简洁，在设计上采用清晰的线条，在空间划分中摒弃曲线，具有较强的几何感。整体上，屋、院通透，人与自然统一，注重利用回廊、挑檐，回廊空间敞亮、自由。和式风格采用木质结构，不尚装饰，简约简洁，其空间意识特强，形成"小、精、巧"的模式，利用檐、龛空间，创造特定的幽柔润泽的光影。

日本是个岛国，四面环海，自然景观变化多端，森林资源十分丰富，因此，传统建筑均以木构为主，这给日本人的色彩感觉和审美情趣都带来了深刻的影响。普通日本民众，室内都偏重原木色，以及竹、藤等天然材料颜色，呈现自然风格。层次高一点的日本人，室内顶面喜欢用深色的木纹顶纸饰面，墙面一般是白色粉刷。有的人家则采用浅色素面暗纹壁纸饰面，使室内空间呈现素淡、典雅、华贵的特色。有些日本人还采用一种颇有新意的竹席饰材进行吊顶，营造自然、朴实的风格。墙壁饰面材料一般采用浅色素面暗纹壁纸饰面。推、拉门多用桧木，有用手绘的福司玛，也用木格绷障子纸。福司玛也称浮世绘，一面是纸一面是棉布，布面有手工绘制的图案；障子纸是日本传统工艺制作的专用线面，一般用于格子门窗及和式纸灯，两面采用木纤维制成，可营造一种朦胧的环境氛围。

三、家具与陈设

日本森林覆盖率很高，传统家具几乎都是用天然木材制作。除本土出产的山毛榉、桦木、柏木、杉木、松木等外，还大量进口胡桃木、紫檀、桃花心木、香枝木等贵重木材。和式家具品种很少，但有特色，主要是榻榻米、床榻、矮几、矮柜、书柜、壁龛、暖炉台等，家具注重材料天然质感、线条简洁、工艺精致。暖炉台是另一种日本特色家具，这种台底下有炭火，台上面盖上毯子，大家可以一起把脚伸进台下取暖，平时作餐桌或茶几用，冬天作暖炉用。不过现在炭火已渐渐被电热毯取代。

和式风格的饰物主要有：灯笼（日本式和纸灯笼居多）、蒲团（日本式）、垫子、人偶、持刀武士、传统仕女画、扇形画、一枝花、一炷香、壁龛（用于放轴画、饰品、供佛像）等。很多和室内都设有壁龛，专供奉佛像的壁龛称为佛龛，作为室内的视觉主体。和室内明晰的线条、纯净的壁画、卷轴字画，充满日本传统的文化韵味。室内悬挂宫灯，用伞作造景，格调简朴而高雅。

四、经典建筑

唐招提寺——和式风格范例。

位于奈良市的唐招提寺是日本佛教律宗的总寺院。寺院由中国唐代高僧鉴真于公元 739 年始建，约 770 年全部竣工。这组建筑充分反映了中国盛唐时期的建筑风格，说明日本的和式建筑除了继承日本佛教寺庙、传统神社的建筑精华外，还引进了中国唐代建筑的特征。寺院大门上有红色匾额"唐招提寺"四个大字，是日本孝谦女皇仿王羲之的书法。寺院内有奈良时代的讲堂、戒坛、金堂，镰仓时代的鼓楼、礼堂及奈良时代以来的佛像、佛具和经卷。

寺院的主殿"金堂"，正面七间，进深四间，位于一个约 1 米高的石台基上，是当时最大、最精美的建筑。金堂第一进屋呈开敞式布局，形成一个柱廊，中间五间开门，两侧梢间开窗。单檐庑殿顶（四坡顶），屋顶正脊两端鸱尾装饰，它既有古代镇火的象征，又起到建筑艺术的点缀作用。西端的鸱尾为奈良时代遗物，东端鸱尾则为后世仿制。屋顶坡面原先比较平缓，后来在重修时改成了现在陡峻的样式。柱子粗壮，不做梭形，仅柱头作覆盆形卷杀。所有建筑木构件均刷红色，墙面也为红色。

第三节　意式古典风格

一、风格起源

意大利是西方文明的摇篮，这里所谈到的意式古典风格主要是指意大利文艺复兴时期所形成的完整的古典建筑与装饰体系。这种建筑和体系并没有简单地模仿或照搬希腊、罗马式样，它在建筑技术、规模和类型，以及建筑艺术手法上都有很大的发展。无论在建筑空间、建筑构件还是建筑外形装饰上，意式古典风格建筑都体现一种秩序、一种规律、一种统一的空间概念。它充分发挥柱式体系优势，将柱式与穹隆、拱门、墙界面有机地结合。意式古典风格建筑的主要特征为厚实的墙壁、窄小的窗口、轻快的敞廊、优美的拱券、笔直的线脚以及半圆形的拱顶、逐层挑出的门框装饰、高大的塔楼、大量使用砖石材料等，运用透视法将建筑、雕塑、绘画融于一室，使其具有强烈的透视感和雕塑感。

二、设计手法与装饰元素

伴随着频繁的政权更替和文艺思潮的演进，加上外来文化的影响，意大利的建筑呈现出丰富多变的风格和独特的风韵。拜占庭式、罗马式、哥特式和巴洛克式风格的建筑在这里汇聚、交替、融合。雄伟的柱式、优美的拱券、轻快的敞廊、细腻的雕刻，使意大利建筑展现出华美的风情，创造出既具有古希腊的优美又具有古罗马的豪华壮丽景象，体现出更接近个性解放和人文主义情怀的朴素、明朗、和谐的室内风尚。

在社会、历史长河的演变、发展过程中，意大利古典风格不断创新。到了19世纪下半叶，意式风格建筑红瓦缓坡顶，出檐较深，檐下有很大的托架。檐口处精雕细刻，气势宏大，既美观又避免雨水淋湿檐口及外墙而变色，使外观看上去始终保持鲜艳亮丽没有污浊。在普通的意大利风格建筑中，朝向花园的一面有半圆形封闭式门廊，落地长窗将室内与室外花园连成一体，门廊上面一般是二楼的半圆形露台。

意大利建筑在细节的处理上特别细腻，又贴近自然的脉动，使其拥有永恒的生命力。其中，铁艺是意大利建筑的一个亮点，阳台、窗台都有铸铁花饰，既保持罗马建筑特色，又升华了建筑作为住宅的韵味。尖顶、石柱、浮雕……彰显着意大利建筑风格古老、雄伟的历史。

柱式是西方室内装饰最鲜明的特征。意大利古典风格的柱式主要有罗马多立克式、塔斯干式、爱奥尼克式、科林斯式，以及其后发展创造的罗马混合柱式、柱式同拱券的组合式（即券柱式）。柱式同拱券的组合式的特点是两柱之间有一个券洞，券柱式和连续券既作结构又作装饰，形成一种券与柱大胆结合、极富味趣的装饰性柱式。

意式古典风格的纹饰主要包括山形墙、涡卷、莨苕叶饰、竖琴古瓶、桂冠、花环、浮雕，既有凹凸感，又有优美的弧线，相映成趣。灯饰设计选择具有西方风情的造型，比如壁灯。在整体明快、简约、单纯的空间，传承着西方文化底蕴的壁灯泛着影影绰绰的灯光，朦胧、浪漫之感油然而生。房间可采用反射式灯光照明或局部灯光照明，置身其中，舒适、温馨的感觉袭人，让那为尘嚣所困的心灵找到了归宿。

意式古典风格的家居装饰风格，一般大厅宽敞，窗户比较高大。这样，选择的窗帘需要更具有质感，比如采用考究的丝线、真丝、提花织物，或选用质地较好的麻制面料；颜色和图案偏向于跟家具一样的暖红、棕褐、金色和华丽、沉稳的图案。这一类窗帘还会用到一些配件，装饰性很强的窗幔以及精致的流苏，都可以起到画龙点睛的作用，体现出大方、大气与华丽之美。

三、家具与陈设

意大利古典家具主要是青铜家具、大理石家具和木制家具，其构造特点是：敦实的兽足形立腿，旋木腿座椅、躺椅、桌子、椅子，木家具使用格角榫木框镶板结构，并施以镶嵌装饰。家具表面一般都有起装饰作用的雕刻、镶嵌、镀金及亮漆，彰显富贵豪华。卧室内除床、矮柜、梳妆台等外，特置有床头榻（美人榻），用于女士休息和摆放衣物，整体风格十分协调。常用纹样有雄鹰、带翼的狮、胜利女神、桂冠、忍冬草、棕榈、卷草、狮脚爪、人面狮身、莨苕叶。意式家具中劣质的古典风格家具，造型款式上显得很僵化，特别是表现古典风格的一些典型细节如弧形或者涡状装饰等，都显得拙劣。

四、经典建筑

圣彼得大教堂——意式古典风格范例。

圣彼得大教堂建成于 1626 年，是意大利古典建筑的杰出代表。它是罗马基督教的中心教堂、欧洲天主教徒的朝圣地，也是梵蒂冈罗马教皇的教廷，是世界上最大的教堂，总面积 2.3 万平方米，主体建筑高 45.4 米，长约 211 米，最多可容纳近 6 万人同时祈祷。

大教堂的外观宏伟壮丽，以中线为轴两边对称，8 根圆柱对称立在中间，4 根方柱排在两侧，柱间有 5 扇大门，二层楼上有 3 个阳台，中间的一个叫祝福阳台，平日里阳台的门关着。每当有重大的宗教节日，教皇会在祝福阳台上露面，为前来的教徒祝福。教堂的平顶上，正中间站立着耶稣的雕像，两边是他的 12 个门徒的雕像，一字排开，高大的圆顶上有很多精美的装饰。

走进大教堂先经过一个走廊，走廊里带浅色花纹的白色大理石柱子上雕有精美的花纹；从左到右，长长的走廊的拱顶上有很多人物雕像，整个黄褐色的顶面布满立体花纹和图案。再通过一道门，才进入教堂的大殿堂。殿堂内高大的石柱和墙壁、拱形的殿顶，到处是色彩艳丽的图案、栩栩如生的塑像、精美细致的浮雕，彩色大理石铺成的地面光亮照人。

教堂中央著名的大拱形圆屋顶是意大利优秀的建筑师——米开朗琪罗的杰作，双重构造，外暗内明。整个殿堂的内部呈十字架的形状，十字架交叉点处是教堂的中心，中心点的地下是圣彼得的陵墓，地上是教皇的祭坛，祭坛上方是金碧辉煌的华盖，华盖的上方是教堂顶部的圆穹，其直径为42米，圆穹的周围及整个殿堂的顶部布满美丽的图案和浮雕。当一缕阳光从圆穹照进殿堂，更给肃穆、幽暗的教堂增添了一抹神秘的色彩，那圆穹仿佛是通向天堂的大门。

教堂前面是能容纳30万人的圣彼得广场，广场总长340米，宽240米，被两条半圆形的长廊环绕，由284根高大的塔斯干圆石柱支撑着长廊的顶，顶上有142尊教会史上有名的圣男圣女的雕像。雕像人物神采各异、栩栩如生。广场中间耸立着一座41米高的埃及方尖碑，是1856年竖起的，它是由一整块石头雕刻而成的。方尖碑两旁各有一座美丽的喷泉，涓涓的清泉象征着上帝赋予教徒的生命之水。所有走进圣彼得广场的人，无不为这宏大的场面所感慨。

不过从建筑家的眼光看，圣彼得广场还是存在一些遗憾。如后来加建的长廊，改变了整个建筑物完整的造型和比例；教堂整个建筑细部尺度过大，内部过分装饰、雕刻，破坏了建筑的整体性和统一性。存在这些缺点主要原因是受当时教会思想的制约，另外建造跨度太长，使原始的制作思想未能充分体现。

五、当代实例

深圳"龙园花园"——意式建筑实例。

位于广东省深圳市布吉镇大芬石芽岭居住片区内的"龙园花园"是仿意式古典风格的建筑实例。这里的建筑具有清逸、淡雅的色彩，飘逸、俊秀的外形。建筑的正立面由雄伟的仿罗马多立克柱子与轻快的敞廊组成。室内有宽敞的大厅、高大的窗户、绚丽的壁画，气宇轩昂，室内配置了用提花织物制作的窗幔和具有意大利风情的灯饰。室外有精美的雕塑，建筑与雕塑、绘画相融于一体。屋顶采用双坡式四坡屋面，屋面指向大地，尺度亲切宜人，使整个建筑群体大气又华丽。由于整个居住区具有一定的山地特点，地势起伏，有植被、溪流、野石，或青石苔迹，或竹影横斜，使居住区具有清幽的环境效果。

第四节　法式古典风格

一、风格起源

　　法国从 17 世纪逐步取代意大利的地位，成为欧洲文化艺术中心。现在我们讲的法式风格，主要是指法国路易十五时期形成的洛可可建筑风格，它反映了路易十五时代宫廷贵族的生活趣味，曾风靡欧洲。洛可可一词由法语 rocaille（贝壳工艺）演化而来，原意为建筑装饰中一种贝壳形图案。1699 年建筑师、装饰艺术家马尔列在金氏府邸的装饰设计中大量采用这种曲线形的贝壳纹样，洛可可由此而得名。洛可可艺术风格的倡导者是蓬帕杜夫人。蓬帕杜夫人原名让娜·安托瓦内特·普瓦松，出生于巴黎的一个金融投机商家庭，后被路易十五封为侯爵夫人。她不仅参与军事外交事务，还以文化"保护人"的身份左右着当时的艺术风格，在蓬帕杜夫人的倡导下，洛可可艺术风格逐渐产生。

　　法式古典风格造型严谨，内部装饰丰富多彩，建筑线条鲜明，凹凸有致，尤其是外观造型独特，大量采用斜坡面，颜色稳重、大气。

　　法式风格讲究将建筑点缀在自然中，在设计上讲求自然的回归感。在建筑整体方面有着严格的把握，善于在细节上、雕琢上下功夫，多运用法式廊柱、雕花、线条等工艺，精细考究。在布局上突出轴线的对称、恢宏的气势、豪华舒适的居住空间。法式建筑十分推崇优雅、高贵和浪漫，它是基于一种对理想情景的考虑，追求建筑的诗意、诗境，力求在气质上给人深度的感染。

　　法式古典风格普遍应用古典柱式，对称造型，气势恢宏，浪漫典雅，居住空间豪华舒适。法式古典风格建筑多采用孟莎式屋顶，坡度有转折，上部平缓，下部陡直。屋顶上多有精致的老虎窗，或圆或尖，造型各异。外墙多用石材或仿石材装饰。

二、设计手法与装饰元素

法式古典风格以流畅的线条和唯美的造型著称，把弧形发展到平面的拱形、圆角、斜棱和富有想象力的细线纹饰，各个部分摆脱了历来遵循的结构划分而，结合成装饰生动的整体。室内建筑部件常常采用不对称手法，变化万千，甚至趋于矫揉造作。法式古典风格的装饰元素趋向自然主义，多运用贝壳、旋涡、山石作为装饰题材，卷草舒花，缠绵盘曲，连成一体。有时为了模仿自然形态，也大量使用弧线和S形线，天花和墙面以弧面相连，转角处布置壁画。室内也喜爱闪烁的光泽，墙上大量镶嵌镜子，悬挂水晶吊灯，窗帘和布艺大多选择细碎花布，营造浪漫和华美的生活气息。总之，室内装饰尽烦琐、华丽之能事，具有轻快、律动、向外扩展的装饰效果。

一个有法国风味的居室，一定要注意配色。室内墙面粉刷，爱用嫩绿、粉红、玫瑰红等鲜艳的浅色调，象牙白和金黄是流行色彩。棚顶往往画着蓝天白云的天顶画，线脚大多用金色。室内护壁板有时用木板，有时做成精致的框格，框内四周有一圈花边，中间常衬以浅色东方织锦。其他材料也与室内的风格相协调，色彩上选择柔和、中性的色彩，比如米黄、奶白和纯白。

三、家具与陈设

家具与陈设以樱桃木、乌檀木和花梨木为主要材质，制作采用完全手工精致雕刻，保留典雅的造型与细腻的线条，使家具具有古朴的风味。椅座及椅背分别有坐垫设计，均以华丽的锦缎织成，以提高坐时舒适感。在家具上有大量主要起着装饰作用的镶嵌、镀金与亮漆，极尽皇族的华丽。此外，许多家具的材面上都会有所谓仿古涂装小黑刮痕，此类刮痕并不是质量问题，而是家具的制造者为模仿古老家具特意弄上去的，想为家具留下一点历史的痕迹。陈设多为瓷器，壁炉用磨光的大理石，在镜前安装烛台，造成摇曳不定、迷离恍惚的效果。

四、经典建筑

凡尔赛宫——法式古典风格范例。

凡尔赛宫是欧洲大陆上最宏大、最庄严、最美丽的皇家宫苑，它是法国古典建筑的杰出代表。全宫占地 111 万平方米，其中建筑面积为 11 万平方米，园林面积 100 万平方米。宫殿建筑气势磅礴，布局严密、协调。正宫东西走向，两端与南宫和北宫相衔接，形成对称的几何图案。宫殿中央部分建造了凡尔赛宫中最主要、最负盛名且艺术价值最高、最富有创造性的大厅——镜厅。镜厅长 73 米，高 12.3 米，宽 10.5 米，用白色大理石贴面，镶浅色大理石板，天花是圆筒形的，有大面积绘画，上着金色。长廊东西两侧是 17 个大圆额落地窗，保证室内光线充足。

凡尔赛宫中央部分的内部，布置有宽阔的连列厅和富丽堂皇的大楼梯。墙壁与天花装有华丽的壁灯和吊灯，并布满了浮雕壁画，而且用彩色大理石镶成各种几何图案。在大厅里还陈设有立像、胸像等雕刻品，体现了法式古典建筑的特征。

凡尔赛宫在设计上的成功之处是，把功能复杂的各个部分有机地组成为一个整体，使宫殿、园林、庭院、广场、道路紧密地结合起来。从正立面看，宫殿的前后错综复杂，一望无边的房屋，加上严谨而又丰富的外形，产生了宏伟壮观的建筑群效果。

五、当代实例

锦绣半岛——法式建筑实例。

坐落在广州市番禺区迎宾路沙溪大桥南岸的锦绣半岛，是我国当代具有法式古典风格的实例。

锦绣半岛内的高层洋房建筑，具有法国文艺复兴时期的建筑风格。建筑组合通过平面的多座向布局、单体里面的丰富体量变化，以及高低起伏的群体轮廓，形成富有韵律的波浪形天际线，有效地减轻了沿江一线高体量建筑所产生的空间压抑感。建筑内部装饰华丽，以浮雕装饰为主。有精致的陡坡屋顶、尖塔，以及老虎窗和突出的阁楼，整体风格奢华、富丽、精美。临江建筑主要为高层公寓，以景观为主导布局，按弧形曲线灵活布置建筑物，使沿江一线转折蜿蜒的组团排布比常规布局增加了更多的江景单元，能让尽量多的住户观赏江边的美丽景色。同时，沿江布置的观景长廊，在江岸与高层体量建筑群之间形成过渡，使沿江建筑空间层次更丰富。

第五节　英式古典风格

一、风格起源

公元 16 世纪开始，英国的新兴资产阶级力量逐步增强，到了伊丽莎白时代，英国在经济上的成就巩固了新贵族的地位。1640 年，英国资产阶级革命爆发后，新贵族阶层在社会上更是耀武扬威，他们在农村庄园大量建造府邸，使建筑带有安逸、舒适、欢乐的格调。16 世纪，英国的建筑风格是混合风格，它在传统的中世纪风格中增添了欧洲文艺复兴的特色，历史上称之为都铎风格。都铎风格是英式古典风格中有代表性的一种建筑风格。

二、基本元素与表现手法

英式古典风格的建筑常用红砖做墙面，灰浆很厚；屋顶结构、门、火炉等较多使用四圆心扁宽的尖券，这种尖券有时还用在木护墙板的装饰线脚上；窗子常是方格的，有时被划分为几部分；烟囱很多，三五个一组，口上有线脚装饰；室内主要大厅的天花露着极有装饰性的锤式屋架或其他华丽的木屋架；细部表现出欧洲大陆各国文艺复兴建筑的特点。

英国的建筑大多红砖在外，斜顶在上，屋顶为深灰色，但也有墙面涂成白色的，是那种很暗的白，或者可以称为"灰色"。屋顶有的也用红瓦覆盖。山墙及外墙上有原色的木构架，上面喜欢留一点砍木的刀痕。早期建筑一般使用砖和木，后来增加了金属、塑料，但很少看见钢筋混凝土的建筑。英国的建筑保暖性、隔热性很好。英式居住建筑的墙一般有三层，外面一层是红砖；中间层是隔热层，用的是厚的海绵，或者是带金属隔热层的薄海绵；里面那层是轻质的灰色砖，比较厚。这样构成的墙体，建筑的保暖性很好。

英式别墅主要的建筑墙体为混凝土砌块，建筑具有简洁的线条，凝重的色彩和独特的风格。坡屋顶、老虎窗、女儿墙、阳光室等建筑语言和符号的运用，充分诠释了英式建筑所特有的庄重、古朴。双坡陡屋面、深檐口、外露木构架、砖砌底脚等，为英式建筑的主要特征。郁郁葱葱的草坪和花木映衬着色彩鲜艳的红墙、白窗、黑瓦，显得优雅、庄重。建材选用手工打制的红砖、炭烤原木木筋、铁艺栏杆、手工窗饰拼花图案，使建筑渗透着自然的气息。

三、当代实例

北京北一街8号社区建筑——英式建筑实例。

北京北一街8号社区地处沙河高教园区腹地，被大学的绿色校园和中央绿地环抱，该社区的别墅错落有致，讲究色彩、质感、材质的美，具有丰富的城市人文精神。

由于区域不大，其整体规划为东西对称形式，区域中间留出南北轴向的中心花园，花园为改良的英式田园风格。社区建筑具有英式建筑风格，外观独立完整，立面用材讲究，质感突出。经典的户型设计，户户拥有私家花园；南向主题阳光豪宅，三面阳光，三四层开放露台设计，可俯仰天地，户户配超大观景庭院，层层退台设计，360°全角度景致，阳光充足。每户均有接近20平方米的空中独立花园，且不会对房间采光产生遮挡。空中花园春、夏、秋是露天花园，冬季有透明光棚覆盖，面积约90～150平方米，凸显别墅空间的通透性。

第六节　德式古典风格

一、风格起源

德式古典风格以德国的巴洛克建筑风格为主要代表。所谓巴洛克，是意大利文艺复兴以后，在宫廷和宗教文化中显示出来的一种艺术风格，其后在建筑艺术中得到充分反映。巴洛克风格具有鲜明的贵族精神，在建筑中具有强烈的庄重、对称、富丽堂皇的特征，喜欢采用不太规则的曲线、曲面，往往有许多雕塑和浮雕，具有运动感。

巴洛克建筑风格在中欧一些国家相当流行，尤其是德国和奥地利。17世纪下半叶，德国不少建筑师从意大利留学归来，把意大利巴洛克建筑风格同德国的民族建筑风格结合起来。到18世纪上半叶，德国巴洛克建筑艺术成为欧洲建筑史上的一朵奇葩。

德国巴洛克式教堂外观简洁雅致，造型柔和，装饰不多，外墙平坦，同自然环境相协调。教堂内部装饰则十分华丽，图案多用自由曲线，以造成内外的强烈对比。但是德国的居住建筑，长久以来却以造型简洁、讲究功能、重视质量、关注细节为其特征，因而在世界建筑史有一定影响。

二、基本元素与表现手法

德式建筑的特点是简约、大气、庄重、明快。德国建筑非常注重人的活动空间，无论是建筑物的外部，还是建筑物的内部，都通过营造有层次的空间来满足人的需要，这些空间包括走廊、中庭、院落等。同时追求工业设计的工艺高度，甚至是艺术高度，对精确、尺寸性的到位有极高的要求。

人们会发现，德国城市中心的居住区都表现出高度的规划性、精确性和特有的工业美感。那些随处可见的清晰的转角、相对简洁的造型、精确的比例、功能的强调以及良好的施工品质，给人的整体感觉是光洁而严谨。不对称的平面、粗重的花岗岩、高坡度的楼顶、厚实的砖石墙、窄小的窗口、半圆形的拱券、轻盈剔透的飞扶壁、彩色玻璃镶嵌的修长花窗，都是德国风情的建筑元素，而造型柔和、运用曲线曲面、追求动态、喜好华丽的装饰和雕刻的建筑特点，主要用于教堂和宫殿建筑。

就当代而言，较为纯正的德国建筑设计，必须包括五个基本因素：第一，外形简洁、现代、充满活力，色彩大胆而时尚；第二，功能讲求实用，任何被认为多余的装饰都应被摒弃；第三，材料与施工的品质精良，关注环保与可持续发展；第四，注重细节设计；第五，重视建筑物与周围环境的和谐统一。

三、当代实例

金地·格林郡——德式建筑实例。

位于上海市青浦区的金地·格林郡是由联排、多层及小高层组合而成的住宅区。在住宅的单体设计中，总体布局改变了一般的矩形排列模式，在高层群体中，创造出更开放且富有变化的空间效果。各种单元均以简约的现代主义风格为主，辅以立面建筑材料的对比，形成清新明快、协调统一的风格。在色彩处理上，使用不同色块的搭配，形成丰富的色彩对比，对细部，如空调室外机组的位置、窗套的造型，都有仔细考虑。

这里的户型设计努力做到动静分区，交通流线清晰、不交叉，同时保证起居室或主卧室朝南，采光通风良好。每套住宅均设有生活阳台，方便使用，并留出足够的储藏空间。在居室设计中，从各居室使用的合理及功能出发，注重空间的科学利用。

整体上看，院落绿地、组团绿地及小区中心绿地形成点、线、面结合的统一绿化系统。两条环路相互连接，形成环状林荫道，中心结合城市支路形成景观轴线，水系景观带的岸线绿地及绿化轴形成网格状公共绿带。小区绿化整体上形成"一环两带"的绿化系统。整个社区绿化场地遍布，广泛而又不失系统，十分灵活。各组团内部，私家庭院的绿化空间成为贴近居民活动的场所，整个小区到处绿意盎然、生机勃勃。

第七节　美式古典风格

一、风格起源

美国是历史短暂的移民国家，最早的北美洲原始居民为印第安人，在16～18世纪，西欧各国相继入侵北美洲，先后建立了13个殖民地，这些人在移民的过程中带去不同的文化、历史、建筑、艺术甚至生活习惯，使本土文化深受影响，在北美洲家居文化中能看到很深厚的西方文化的历史缩影。美式风格将英、法、意、德、希腊、埃及式的古典风格简化，集功能性与装饰性于一身。

美式古典风格实际上是一种混合风格，其建筑最明显的特点是注重细节、有古典情怀，外观简洁大方，体现在大窗、阁楼、坡屋顶，有其丰富的色彩和流畅的线条，街区氛围追求休闲活力、自由开放。

美式建筑大多加入工业化的技术措施和手段，更适合批量生产，在用材上更加灵活，更多使用工业化材料，比如扣板、现代化的钢结构、现代化的木结构，因而美式建筑看起来比较密实，更接近现代的居住要求。因而，备受现代人欢迎。

二、设计手法与装饰元素

美式古典风格强调室内空间的通透性，通过拱门、连续的廊道，增强视线的穿透力和采光效果，进而彰显自由。比如有开放式的阳台、开放式的厨房等。装饰材料上通常是石材和木材，美国人喜欢有历史感的东西，反映出对各种仿古墙地砖、石材的偏爱和对各种仿旧工艺的追求。

美式家居很多是感人和温馨的，房子是用来住的，不是用来欣赏的，要让住在其中或偶尔来住的人倍感温暖。每个家庭成员在各个人生阶段都有相应的家具和摆设，儿童房、老人房的格局和色调都符合年龄特点。虽然他们不热衷于几代同堂，但每逢重大节日，都力求和最亲近的家人在一起温馨度过。一个家的沙发要足够承载近 10 个人，地毯要求不致老人滑倒，小孩可以随意趴在地上堆积木或逗狗，开放式厨房让女主人在料理大餐时，仍然能够倾听丈夫的甜言蜜语。家具的外形服从舒适的要求，虽然赏心悦目是家具的重要功能，但如果与享用的便利相冲突，形式就要靠边站，比如功能沙发的花色普遍偏灰暗，图的就是耐脏，免拆洗。

美式风格常有一些表达美国文化概念的图腾，如大象、大马哈鱼、狮子、老鹰等，还有一些反映印第安文化的图腾。美国居民家里都有各种各样的叫不出名字的图腾，连台灯上都可能盘了一只猴子，家具上凸起的雕刻，都像一只只动物。

美式风格注意色彩搭配的合理性。比如卧室中的床为暖色调的棕色，那么卧室的主色调适宜搭配蓝、红或土黄色，这样的居室更能彰显出主人的品位和文化气质。

三、家具与陈设

美式家具源于欧洲文化，具有明显的英式、法式、意式古典家具的传统特点，同时很时尚，它抛弃了巴洛克和洛可可风格的浮华和繁复，强调美国独特的文化内涵，注重简洁、明晰的线条和优雅得体的装饰，加上受墨西哥传统手工艺影响，采用厚重的原木，使得家具显得更加雍容大气、典雅尊贵。美式家具传达了单纯、休闲、有组织、多功能的设计思想，让家庭成为释放压力和解放心灵的净土。

美式家具粗犷大气，不但表现在它用料上，还表现在它给予人的整体感觉上。一些美式古典风格家具，涂饰往往采取做旧处理，即涂几遍油漆后，用锐器在家具表面留下坑坑点点，再在上面进行涂饰，最高达 12 遍。美式家具虽然风格粗犷大气，细节却绝不敷衍，其最迷人处在于它的造型、纹路、雕饰和色调的细腻、高贵。单拿美式家具的五金装饰来说，就十分考究，小小的一个拉手就有上百种造型。而且，美式家具涂装工艺复杂，一些细节上的处理和欧式家具很不一样。制作美式家具一般选用纹路清晰、色泽较深的硬木，如樱桃木、黑胡桃木、枫木、桦木、橡木等。

一般来说，美式家具需要经过几个阶段的作业才能凸显美式风格，不同木材不同部位的各种稀有纹理，乃至树木因病变产生的特殊纹理和其他天然印记都是美式家具的特色。美式家具设计，对木材的处理通常使用自然烘干和干燥炉烘干法，除去木头间的空隙并将纹路间的空隙适度收缩以避免卷曲变形。选取的木材，多半来自木材的木心且靠近树干的下方部位，而中心木质通常比新木或较外层的木质黑。为了突出木质的特点，美式家具贴面采用复杂的薄片处理，这样纹理本身便成为一种装饰，在不同角度下会有不同的光感，这让美式家具比穿金戴银的欧式家具更显奢华和尊贵。美式家具的另一个重要特点是它的实用性比较强，比如有专门用于缝纫的桌子、可以加长或拆成几张小桌子的大餐台。

受美国历史独特性的影响，美式家具有以下三个特点。

第一，美式家具表达了美国人对历史的怀旧，将欧洲皇室家具平民化。欧洲家具大多高大有气派，像欧洲的建筑物一般，金碧辉煌，镶金贴银，只有皇室贵族才使用得起，而美式家具却将欧洲皇室家具平民化，保留高大气派的风格，材料上会选用天然实木，虽然和欧洲家具一样注重细部的雕刻，但不会过分地张扬，并且更注重家具的实用性。

第二，美式家具展现了美国人随意、舒适的风格，将家变成释放压力、缓解疲劳的地方。美式家具的随意和舒适性是其另一特点，不像欧洲家具那样强调它的花哨，不是给人以五星级酒店或者办公室的感觉，而是把沙发、椅子做得更大、更宽敞，让人一看到就有回家的舒适和惬意。

第三，美式家具有极强的个性，表达了美国人追求自由，崇尚创新的精神。美式的家具上经常有一些表达美国文化概念的图腾，一个图腾、一个雕刻都有一个有趣的故事。怀旧、浪漫和尊重时间是对美式家具最好的评价。

美国人倾向于在木质家具上留下使用痕迹。如果你在一件美式家具上看到一排黑色或深褐色的小点，不要认为那是残缺，这种仿效苍蝇排泄物的痕迹正是他们追求的美，意味着家具好像经过多年使用，甚至好像是先祖留下的古董。如果美国人拥有一件祖母用过的旧家具，那么一定会放在居室最醒目的位置。美国人喜欢有历史感的东西，反映在软装摆件上对仿古艺术品的痴迷。

四、当代实例

山河水别墅群——美式建筑实例。

位于南京市浦口区汤泉镇的山河水别墅群，采用源于北美地区的住宅形态，舒缓的坡顶、精确的比例关系、错落有致的体量搭配，以瓦、仿木板条、石材等原生态材料作为基础装饰材料，使建筑与环境相互融合。

本项目在改造自然环境方面采用独特的手法，将地块内自然坡度较陡、高差较大的区域处理成立体绿化景观。把地形中的湖滨地区改造成带状湖滨公园，并连接中央公园，使全区景观连成一体，增加共享效果。

第八节　地中海风格

一、风格起源

地中海风格原指沿欧洲地中海北岸一线，特别是西班牙、葡萄牙、法国、意大利、希腊这些国家南部沿海地区的民居住宅。

地中海文明古老而遥远，宁静而深邃。地中海风格因富有浓郁的地域特征而得名，它注重表现自然质朴的气息和浪漫飘逸的情怀。温润而醇和的外立面颜色，粗朴而富有质感的材料，拥有众多的回廊、构架和观景平台，是这里住宅建筑、宾馆建筑、景观建筑的基本特征。在这一地区，白色的沙滩与碧海连成一片，村庄在阳光下泛着迷人的光。自然而有点粗糙的表面处理，加上水洗木与粗麻家具，给人以轻松安逸的海边感觉，置身其中，内心顿有轻舞飞扬之感，主人的浪漫情怀呼之欲出。因此，"自由、自然、浪漫、休闲"是地中海风格的精髓。对于久居都市，习惯了喧嚣的现代都市人而言，地中海风格给人们以返璞归真的感受，同时体现了对于更高生活质量的要求。

地中海风格是长期以来地中海文明的积淀，有着强烈的地域文化特点。这里有迷人的蓝天和灿烂的阳光，由此产生了拱形或半拱形的门以及马蹄状的窗；这里盛产灰岩，造就了灰白手刷墙面绵延的风貌；为了配合蓝天碧海的色泽，这里让白墙之外的瓦、窗、门、栏杆都保持着蓝色的景致；这里有海风的吹蚀，将房间里的家具勾勒出独特的色泽和斑驳；这里手工艺术盛行，大量铸铁、陶砖、马赛克、编织等软装饰可供使用，大多数房子都有铸铁的把手和窗栏；这里采用简朴的方形吸潮地砖；这里的建筑设计通常不对称、不规整，高高低低的。地中海风格建筑的最大特点就是采用淳朴、天然的材料，地域和民族特点鲜明的色彩，风格独具的饰品、家具，以及古老神秘的波斯情调，勾勒出一种纯净、自由、亲切、淳朴而浪漫的自然风情。

二、设计手法与装饰元素

一种风格的价值在于其"内涵"的深度，否则仅是一些表象的堆砌。终年少雨、艳阳高照的自然条件为地中海风格塑造了许多设计手法及造型元素。如，半户外的回廊；众多的回廊、穿堂、过道，一方面增加海景欣赏点的长度，另外一方面利用风道的原理增加对流，形成穿堂风，达到被动式的降温效果；四水归堂的天井院子，里面大多有个小小的阿拉伯风格的水池；拱门与半拱门、马蹄状的门窗及回廊通常采用数个连接或以垂直交接的方式，在走动观赏中，给人以延伸般的透视感；家中的部分墙面，均可运用半穿凿或者全穿凿的方式来塑造室内的景中窗。

总之，长长的廊道，延伸至尽头然后垂直拐弯；半圆形高大的拱门，数个连接或垂直交接，墙面通过穿凿或半穿凿形成镂空的景致。这是地中海风格建筑中最常见的三个造型元素。

地中海风格在细节的处理上特别精巧，经常广泛运用螺旋形结构配件，包括阳台、窗间柱子等多用螺旋形铸铁花饰。此外，地中海风格建筑往往采用建筑圆角，让外立面更富动感，并配合以落地大窗和防锈锻铁为装饰的小窗，外墙局部用文化石和特别的涂料；露台上采用弧形栏杆等；装饰性用的烟囱则带有传统的英国风味。

线条是构造形态的基础，是家居中重要的设计元素。地中海沿岸的国家对于房屋或家具的线条不是直来直去的，线条简单而且修边浑圆，显得比较自然，因而无论是家具还是建筑，都采用独特的浑圆造型；白墙的不经意涂抹修整，形成了一种特殊的不规则表面。闲适、浪漫却不乏宁静正是地中海风格建筑的精髓。

地面多铺赤陶或石板，主要利用马赛克、小石子、瓷砖、贝类、玻璃片、玻璃珠等素材，切割后再进行创意组合，这在地中海风格中算是较为华丽的装饰。地中海风格建筑的室内窗帘布、桌布与沙发套，可选用棉织物，低彩度色调图案用素雅的小细花条纹、条纹或细花的都很恰当，会感觉纯朴又轻松。

三、色彩

"地中海风格"的最大魅力，来自其纯美的色彩组合。在这里由于光照充足，所有颜色的饱和度都很高，体现出色彩最绚烂的一面。地中海风格也按照地域自然特色，分为三种典型的颜色搭配。

第一，蓝与白搭配。这是比较典型的地中海颜色搭配。这种风格从西班牙、摩洛哥海岸延伸到地中海的东岸希腊。希腊的白色村庄与沙滩和碧海连成一片，甚至门框、窗户、椅面都是蓝与白的配色，加上混着贝壳、细沙的墙面，小鹅卵石地，拼贴马赛克，金银铁的金属器皿，将蓝与白不同程度的对比与组合发挥到极致。这里出现了无数的蓝与白两种颜色不断交错、相互辉映的屋宇、商店、教堂，勾勒出地中海风格中特有的色彩和迷人的风情。特别是白色，在这里可以说是铺天盖地，白色的外墙、白色的村落到处可见。白色，不仅象征着纯白自然的浪漫情调，也将无限的遐想引入生活中。在纯白色的视觉包裹下，许多家具中由深、浅褐色马赛克相间拼贴而成的墙面显得极为精致幽雅，给小居室以超群品质。

第二，黄、蓝紫和绿搭配。南意大利的向日葵、南法的薰衣草花田，金黄、蓝紫的花卉与绿叶相映，形成别有情调的色彩组合，十分具有自然的美感。

第三，土黄及红褐搭配。这是北非特有的沙漠、岩石、泥土等天然景观颜色，再辅以北非土生植物的深红、靛蓝，加上黄铜，带来一种大地般的浩瀚感觉。

地中海风格的建筑是美的建筑，地中海风格的美，包括海与天的明亮色彩，被海风侵蚀过后的白墙，薰衣草、玫瑰、茉莉的香气，路旁绚烂奔放的成片花田，历史悠久的古建筑，土黄色与红褐色交织的民族性色彩。特别令人心旷神怡的是希腊白色村庄，在碧海蓝天下闪闪发光；西班牙的蔚蓝海岸与白色沙滩；意大利南部向日葵花田在阳光下闪烁的金黄；法国南部蓝紫色的薰衣草飘来的香气；北非特有沙漠及岩石等自然景观的红褐、土黄的浓厚色彩组合。所有这些取材于大自然的明亮色彩，构成了地中海风格的基础——明媚的阳光和丰富的色彩。

四、家具与陈设

文艺复兴前的西欧，家具艺术经过长时期的萧条后，在 9 ~ 11 世纪又重新兴起，并在其南部形成了独特的风格——地中海式风格。地中海风格在家具设计上，大量采用宽松、舒适的家具来给人以休闲体验。自然素材是地中海地区家具的一大特征，红瓦、窑烧、木板或藤类等天然材质，从不会被流行的摩登设计影响，而且线条简单、圆润，有一些弧度独特的锻打铁艺家具，都是地中海风格的美学产物。代代流传下来的家具被小心翼翼地使用着，使用时间越长越能营造出独特的怀旧风味。

由于地中海风格的建筑、室内基本是白色，因此室内陈设以棉制品、贝壳为主饰，并以铸铁、陶砖、马赛克、编织等装饰为重点，同时还重视绿化，爬藤类植物是常见的居家植物，小巧可爱的绿色盆栽，门前种植的向日葵，搭配上蓝色的镶边，让人感觉舒心随意。

五、典型建筑

普罗旺斯位于法国东南部的蔚蓝海岸，是中世纪诗歌中称颂的"快乐王国"。那里拥有纯正的欧洲建筑、灿烂的阳光、成片的薰衣草田，具有闲适的生活气息，是西方人心目中的香格里拉。这里也是地中海风格建筑的代表地，整个普罗旺斯地区因极富变化而拥有不同寻常的魅力——天气阴晴不定，暖风和煦，海风狂野，地势跌宕起伏，平原广阔，峰岭险峻，寂寞的峡谷，苍凉的古堡，蜿蜒的山脉和活泼的都会。这股自由的色彩给予艺术家创作的灵感，历史上包括塞尚、梵·高、莫奈、毕加索、夏卡尔等名家都在普罗旺斯开启了艺术生命的新阶段。

普罗旺斯最令人心旷神怡的是，它的空气中总是充满薰衣草、百里香、松树等的香气。这种独特的自然香气是在其他地方所无法体验到的。由于充足灿烂的阳光最适宜薰衣草的成长，再加上当地居民对薰衣草香气的钟爱，因此，在普罗旺斯不仅可以看到遍地薰衣草紫色花海翻腾的迷人画面，而且在房间里也常见各式各样薰衣草香包、香袋，商店也摆满薰衣草制品。

六、当代实例

（一）天马花苑——地中海风情建筑实例

天马花苑位于上海市松江区佘山镇天马山南侧，在27洞天马高尔夫球场内部，有128栋地中海风情的且特别倾向于西班牙风格的独立式别墅。本地块外有苍葱的天马山环抱，内有大面积人工湖横卧，自然环境得天独厚，秀丽迷人。

这里的建筑单体具有地中海的风情，更呈现西班牙风格特征，它们是一种融阿拉伯风格与欧洲古典主义风格于一体的建筑形态。建筑兼备高贵矜持与低调单纯的双重气质，连续多维的建筑表情将奢华和精致化为低调的旋律。沐浴自然的阳光，跟随风的伴奏，一座座建筑如同散落的珍珠，静静地闪烁在青山绿水间，将地中海风情的浪漫激情与优美的自然风格完美结合，让业主和客人在这里感悟人与自然的生命律动。建筑采用红色陶瓦，缓坡屋顶以浅米色涂料为主，采用拉毛处理的建筑墙体，组成西班牙风格建筑的典型外观——红瓦白墙。屋檐运用连续的小拱圈形态进行修饰。此外，拱形绞花纹的廊柱和窗户也是建筑的主要元素，给建筑物外部增添了立体感和个性感。外墙局部使用文化石、西班牙筒瓦和小窗，用花铁栏杆围护的南向露台上放置木质花架，屋前有较大的绿地、花园以及独具地中海风格特色的建筑圆角等。

（二）托斯卡纳社区——地中海风情建筑实例

红色的坡屋顶、尖尖的塔楼、高高的拱廊、弧形的门窗、宽敞的阳台、铁艺装饰的栏杆，这些都是广州南湖国家旅游度假区内，托斯卡纳社区所营造的地中海风情。

托斯卡纳社区在建筑的立面设计上，较好地融合了哥特式建筑风格的精髓，穹形尖顶的大门、尖塔，错拼别墅前类似碉堡楼的楼梯廊。外立面色彩斑斓，锡耶纳的黄、佛罗伦萨的紫、天空的蓝、太阳的金、泥土的黄、云的白，尽显意大利托斯卡纳小镇上所呈现的地中海色彩。

托斯卡纳社区围合式的空间形态使其水岸内部拥有 15000 平方米的共享大花园，外部拥有 7000 平方米的沿江绿化带。景观设计以生态为原则，以亲水为特征，主入口即水景、树池及铺地，次入口是一处现代水景幕墙，中心水景沿岸布置落水景观架，中心雕塑广场设置亲水平台，加上带有涌泉设计的水中会所等，无不因水而生，借水造景，使"自由、自然、奔放"的地中海风格进一步体现出来。

（三）城市经典三期——地中海风情建筑实例

城市经典三期位于上海市浦东香楠路、广兰路。本建筑群在充分分析现有用地和建筑特色的前提下，以地中海自然浪漫的情调、华丽和人情化的古典气息为主基调，用水这一柔性的材料作为经络来分割园林空间，同时拥有大型庄园所必需的大多数要素，如花坛、水量、密园、丛林等，演绎富有东方情趣的地中海地区，特别是西班牙伊斯兰样式的园林艺术。

本建筑群为营造出具有独特亚热带风情的滨海植物景观，在植物搭配上一般以棕榈科植物为主，搭配各类观叶灌木地被。中心全景的景观主入口是小区会所的室外游泳池，形态自然。游泳活动场地以黄褐色的沙砾路面及装饰曲线条的特色铺装，不同地方配以不同植物，在细微之处也尽显西班牙风情。

第三章　建筑室内设计的现代风格

第一节　现代主义建筑风格

一、风格起源

19世纪中叶，欧美各国掀起了工业革命，钢铁结构、玻璃等新材料、新技术在建筑中广泛使用，设计界出现了一股强大的带有鲜明理性主义色彩的现代主义建筑思潮。

现代主义建筑思潮强调建筑要随时代而发展，现代建筑应同工业化社会相适应；强调建筑师要研究和解决建筑的实用功能和经济问题；主张积极采用新材料、新结构，在建筑设计中发挥新材料、新结构的特性；主张坚决摆脱过时的建筑样式的束缚，放手创造新的建筑风格；主张发展新的建筑美学，创造建筑新风格。

二、建筑理念与表现手法

现代主义建筑的代表人物所提倡的新的建筑美学原则，包括：表现手法和建造手段的统一；建筑形体和内部功能的配合；建筑形象的逻辑性；灵活均衡的非对称构图；简洁的处理手法和纯净的体形；在建筑艺术中吸取视觉艺术的新成果。

在 20 世纪二三十年代，持有现代主义建筑思想的建筑师所设计的建筑作品，有一些相近的形式特征，如平屋顶、对称的布局、光洁的白墙面、简单的檐部处理、大小不一的玻璃窗、少用或完全不用装饰线脚等等。

现代主义建筑以简洁的造型和线条塑造鲜明的社区表情。通过高耸的建筑外立面和带有强烈金属质感的建筑材料，堆积出居住者的炫富感，以国际流行的色调和非对称的手法，彰显都市感和现代感。竖线条的色彩分割和纯粹抽象的集合风格，营造挺拔的社区形象。波浪形态的建筑布局高低跌宕、简单轻松、舒适自然，强调时代感是它最大的特点。

由瓦尔特·格罗皮乌斯主持设计的包豪斯校舍，以及由密斯·凡·德·罗主持设计的西班牙巴塞罗那世界博览会中的德国馆，都是现代主义建筑中的杰出代表。

三、经典建筑

（一）包豪斯校舍——现代主义建筑风格代表

1926 年在德国德绍建成的一座建筑工艺学校新校舍——包豪斯校舍，是世界上第一所完全为发展建筑教学而建立的设计学院。学校首位校长也是本校舍的设计师格罗皮乌斯。新校舍总建筑面积近 10000 平方米，主要由教学楼、生活用房和学生宿舍三部分组成。设计者创造性地运用现代建筑设计手法，从建筑物的实用功能出发，按各部分的实用要求及其相互关系定出各自的位置和体型。利用钢筋、钢筋混凝土和玻璃等新材料以突出材料的本色美。在建筑结构上充分运用窗与墙、混凝土与玻璃、竖向与横向、光与影的对比手法，使空间形象显得清新活泼、生动多样。并通过简洁的平屋顶、大片玻璃窗和长而连续的白色墙面产生的不同的视觉效果，给人以独特的印象。该校舍以崭新的形式，与复古主义设计思想划清了界限，因此被认为是现代建筑中具有里程碑意义的典范作品。

格罗皮乌斯的包豪斯校舍，令 20 世纪的建筑设计挣脱了过去各种主义和流派的束缚。他遵从时代的发展、科学的进步与民众的要求，适应大规模的工业化生产，开创了一种新的建筑美学与建筑风格。

包豪斯校舍的设计特点如下。

第一，校舍的形体和空间布局自由，按功能分区，又按使用关系相互连接。如在新校舍中，教室楼、实验工厂均为4层楼，两者之间是行政办公用房和图书馆。学生宿舍是一幢6层楼，通过一个2层的食堂兼礼堂同实验工厂相连。校舍的总体设计体现了格罗皮乌斯提倡的重视功能、技术和经济效益，艺术和技术相结合等原则。它的设计布局、构图手法和建筑处理技巧等在以后的现代派建筑中被广泛运用。

第二，按各部分不同的功能，选择不同的结构形式，赋予不同的形象。实验工厂是一个大通间，采用钢筋混凝土框架和悬挑楼板。外墙采用成片的、贯通3层的玻璃幕墙，既利于采光，也显示出与其他部分不同的外形。教室楼也是框架结构，由于间距不大，所以构造比较轻巧，水平的带形窗和白墙是它的外形特征。宿舍采用钢筋混凝土楼板和承重砖墙的混合结构；墙面较多，窗较小，各房间外面有各自的小阳台，形成了宁静和互不干扰的居住气氛。食堂兼礼堂是集体使用的大空间，外形开朗。屋顶全是平顶，空心楼板上设保温层，铺油毡和预制沥青板，人们可以在屋顶上面活动。全部铸铁落水管隐藏在墙内，外形整洁。

第三，在造型上采取不对称构图和对比统一的手法。一个个没有任何装饰的立方体，由于体量组合得当，大小长短和前后高低错落有致，实墙和透明的玻璃虚实相衬，白粉墙和深色窗框黑白分明，垂直向的墙面或窗和水平向带形窗、阳台、雨篷的比例适度，显得生动活泼。

（二）巴塞罗那博览会德国馆——现代主义建筑风格代表

巴塞罗那博览会德国馆是1929年西班牙巴塞罗那世界博览会上，由包豪斯第三任校长密斯·凡·德·罗设计的一个德国展览馆。密斯·凡·德·罗的国际主义建筑思想，特别是他提倡的"少就是多"的设计原则对于整个世界建筑发展及其面貌的影响很大。

巴塞罗那博览会德国馆最显著的特点是：功能主义、无装饰，色彩绝大部分是白色、灰色等中性色调，其形式全部是结构主义的方形组合，大部分建筑采用柱支撑。因此，底部是暴露的，被称为具有6个面，而不是传统5个面的建筑。

巴塞罗那博览会德国馆室内强调各部分空间的连续性、贯通性，几片大理石墙面在室内的平行错动，使人体验到空间的动态能量，家具的简洁轻巧，空间各界面、各材料干净利落的交接，都使人想到"少就是多"这句名言。顺着由深到浅的带黄色斜纹的大理石块，拼成箭形向墙面延伸的方向望去，尽端有一水池，池中设有一浑圆的裸体雕塑，十分引人注目。

（三）流水别墅——现代主义建筑风格代表之三

美国杰出建筑师弗兰克·劳埃德·赖特于 1936 年在宾夕法尼亚州设计的流水别墅是当代自然风格的典范。这幢别墅造型高低错落，最高处有 3 层，整个建筑由一高起的长条形石砌烟囱将建筑物的各部分统一起来，因此和周围环境取得了有机的结合。建筑的主要构件均采用钢筋混凝土结构，因此挑台可以悬挑很远，在外观上形成一层层深远的水平线条。建筑物的内部布置十分自由，完全因地制宜安排所有房间的大小和空间的形状，外墙有实有虚，一部分是粗犷的石墙，一部分则是大片玻璃落地窗，使空间内外穿插，融为一体。

流水别墅与周围自然环境的有机结合是它最成功的手法。在这幢别致的建筑中，那些水平伸展的地坪、要桥、便道、车道、阳台及棚架，沿着各自的伸展轴向，越过河谷而向周围延伸；巨大的露台扭转回旋，恰似瀑布水流曲折迂回；整个建筑看起来好像盘旋在大地之上，带给人们不可磨灭的新体验。

第二节　北欧风格

一、风格起源

北欧风格又叫简约风格。所谓北欧风格，是指欧洲北部五个国家，即挪威、丹麦、瑞典、芬兰和冰岛的室内设计风格。由于这些国家地处欧洲的斯堪的纳维亚半岛，因而又称斯堪的纳维亚风格。这些国家靠近北极，气候寒冷，自然资源丰富。特殊的地理位置，使他们有着漫长的冬季、反差大的气候、茂密的森林、辽阔的水域环境，因此形成了独特的室内装饰风格。北欧的设计师们不仅从优美的大自然中汲取灵感，而且懂得如何有效地利用这种天然的资源。比如在建筑方面，设计师们不轻易改动四周的自然环境，而是让想象创造融入自然的生长中；即使在不同的季节，不同的光线下，房屋也可以与自然融为一体。这种爱护环境、保护自然的意识，反映在他们设计活动的各个方面。北欧的另一个特点就是人口密度低，社会相对稳定，其社会、文化的发展虽也受到欧洲大环境的影响，但因坚实的农业和手工业传统，使北欧的设计风格不但具有明显的欧洲特点——注重功能、追求理性，而又区别于其他的欧洲国家。

北欧风格以简洁著称。这一风格影响到后来的"简约主义""后现代"等风格。在20世纪风起云涌的"工业设计"浪潮中，北欧风格的简洁被推到极致，反映在家庭装饰方面。室内的顶、墙、地六个面，完全不用纹样和图案装饰，只用线条、色块来区分点缀。北欧风格大体来说有两种：一种是充满现代造型线条的现代式；另一种则是自然式。不过其间并没有严格的界线，混搭的效果也是不错的，现在的居家不会完全遵循同一种风格，通常是以一个风格为基础，再加入自己的收藏或喜好。丹麦的设计师凯·保杰森曾说："让线条带有一丝微笑"，道出了北欧家具人情味的真谛。

二、设计手法与装饰元素

北欧风格是现代主义风格的一种表现，与其他风格相比，它少了繁杂，多了纯净；少了炫耀，多了自制；少了华丽，多了简洁；少了异想天开，多了实用功能。现代主义风格使住宅更适合居住，使家具的线条变得更加流畅，具有更多的功能性。

现代主义风格要求保持住宅与大自然的接触，住宅内应满足日常生活的需要。现代主义风格热忱地接受自然色彩，并以此营造气氛，它对自然的重新关注不只是单纯地应用天然材料，还要提供宽阔视野，让自然景观成为室内的一景，让室内充满自然的光线。在一些不便设计窗户的地方，可以通过人工光源达到自然光线的效果。当自然景观和光线成了室内装饰的主角以后，室内就只需要最简单的家具了。宽敞、整洁、简约的空间，使人感觉到平静，这样反而可以使房屋的主人欣赏到简约的形式美，细细地品味房屋原有的建筑风采。

北欧的建筑都以尖顶、坡顶为主，为了防止过重的积雪压塌房顶，在室内空间上，可见原木制成的梁、橼等建筑构件，这种风格应用在平顶的楼房中，就演变成一种纯装饰性的木质"假梁"。为了有利于室内保温，北欧人在进行室内装饰时大量使用隔热性能好的木材。因此，在北欧的室内装饰中，木材占有很重要的地位。北欧风格使用的木材，基本上都是未经精细加工的原木，最大限度地保留木材的原始色彩和质感，有很独特的装饰效果。除了木材之外，北欧风格常用的装饰材料还有石材、玻璃和铁艺等，也都无一例外地保留这些材质的原始质感。

北欧地区由于地处北极圈附近，气候非常寒冷，有些地方还会出现长达半年的"极夜"。因此，北欧人在家居色彩上，多选用那些鲜艳的纯色，而且面积较大。随着生活水平的提高，在 20 世纪初期，北欧人也开始尝试使用浅色调来装饰房间，这些浅色调往往要和木色相搭配，营造出舒适的居住氛围。北欧风格在色彩上的另一个特点，就是黑白色的使用。黑白色在室内设计中属于"万能色"，可以在任何场合，同任何色彩相搭配。

三、家具与陈设

传统的北欧家具以枫木、橡木、云杉、松木、白桦等为主要材质，这些上等的天然木料所具有的柔和色彩、细密质感及天然纹理，非常自然地融入家具设计之中，展现出一种朴素、清新的自然之美，使人犹如置身于斯堪的纳维亚山脉和丹麦森林中。材质上的精挑细选，工艺上的尽善尽美，以及回归自然，崇尚原木韵味，加上现代、实用、精美的设计风格，反映了现代都市人进入后现代社会的另一种思考方向。北欧人强调简单结构与舒适功能的完美结合，不仅要追求家具的造型美，更注重从人体结构出发，如一把椅子，也要讲究它的曲线如何在与人体接触时完美地吻合，使其与人体协调，倍感舒适。松木家具的大量使用满足了人们既想亲近自然，又要注重环保的新需要。板式家具也起源于北欧，这种使用不同规格的人造板材，再以五金件连接的家具，可以构造出千变万化的款式和造型。而这种家具往往依靠比例、色彩和质感向消费者传达美感。

第三节　简约主义风格

一、风格起源

简约主义源自 20 世纪初期的西方现代主义。在室内设计界，简约主义早在 20 世纪 80 年代中期就开始出现，当时欧美的经济处于巅峰状态，欧美社会呈现了奢侈华丽的一面，在这样的背景下，John Pawson 与 Claudio Silverstein 设计了位于英国伦敦的一幢不到 2000 平方米的楼中楼公寓，设计中没有任何多余的线条，除了米色漆及无框玻璃板外，没有其他的色彩及材料。这幢公寓因与当时流行的复古风形成强烈的对比，而引起广泛关注。

二、设计手法与装饰元素

简约主义的室内空间开敞、内外通透，在空间平面设计中追求不受承重墙限制的自由，以塑造唯美、高品位的风格为目的，摒弃一切无用的细节，保留生活最本真、最纯粹部分。简约主义特别强调整体设计，凸显材料之间的结构关系，甚至将空调管道、结构构件都暴露出来，力求表现出一种完全区别于传统风格的高度技术的室内空间氛围。同时，追求空间的实用性和灵活性。居室空间是根据相互间的功能关系组合而成的，而且功能空间相互渗透，有较高的空间利用率。

强调的简约，不是提倡简单。简约是一种品位，是一种大气和最直白的装饰语言，而简单则是对复杂而言，是一种省事的方法和手段，两者有着本质的区别。简约崇尚精简，但并不是没有味道，而是要赋予更多的灵感和深刻的主题。简约主义风格的特色是将设计的元素、色彩、照明、原材料简化，同时对色彩、材料的质感要求提高。在简约的空间中以含蓄的方式达到以少胜多、以简胜繁的效果。

简约主义在形式上提倡非装饰的简单几何造型。受艺术上的立体主义影响，简约主义主张推广六面建筑和幕墙架构，提倡标准化原则、中性色彩计划与反装饰主义立场。室内墙面、地面、顶棚以及家具、陈设乃至灯具、器皿等均以简洁的造型、纯洁的质地、精细的工艺为其特征。建筑及室内部件尽可能使用标准部件，门窗尺寸根据模数制系统设计。简主义强调形式应更多地服务于功能，尽可能不用装饰，并取消多余的东西，任何复杂的设计、没有实用价值的特殊部件及装饰都会增加建筑造价。

简约主义的色彩设计受现代绘画流派思潮影响很大。宁静优雅的黑、白、米、银、灰、红是素色主义，也是简约主义的最高境界。用素色调节了冷暖色系，省去了一切繁复，成为一种精神，让人感到安静神圣。图案以几何或自然笔触为元素，或者无图案、单色系，以体现低调的宁静感，感觉沉稳而内敛。点、线、面的巧妙运用会使得色彩形成恢宏的交响感。

简约主义的居室重视个性和创造性，即不主张追求高档豪华，着力表现区别于其他住宅的内容。简约主义风格在发展过程中，对苹果绿、深蓝、大红、纯黄等高纯度色彩开始大量运用，大胆而灵活，这些不单是对简约风格的遵循，也是个性的展示。

材料的质感对于简约主义十分重要，可以说，现代简约风格装饰的选材投入，往往不低于施工部分的资金支出。在选材上不再局限于石材、木材、面砖等天然材料，而是将选择范围扩大到金属、涂料、碳纤维、高密度玻璃、塑料以及合成材料。金属是工业化社会的产物，也是体现简约风格最有力的手段，各种不同造型的金属灯，都是现代简约派的代表产品。

有的人认为，简约主义的居室太过冷酷和理性，并不适合有孩子的家庭选用。德国著名的简约主义设计大师格里克指出："用简洁的形式追究事物的根源和本质时，其中应加入一点非理性的东西，它是个性的来源，是人性的触摸。"正是大师的"人性的触摸"，给了简约主义的家庭温馨的元素，在家居中渗透了人文的关怀，让这样的家更适合孩子的成长。简约主义认为，在家居布置和装饰上首先应该注意平面上空间的功能化分区，不要一房多用，娱乐室、卧室、客厅、餐厅要有明显的分隔。让房间"各司其职"，所有的家具和物件自然相应地会"各归其位"，变得整洁而有条理。

简约主义提倡当各个房间的功能明确和固定后，每个房间内的物件还需要进一步收纳。采用模糊分类原理，根据具体物件的大小而灵活协调，让大小不同的物件都能得到有效的收纳。

三、家具与陈设

强调功能性设计，设计要求简洁明快，线条利落流畅，色彩对比强烈，这是简约风格也是整个现代风格家具的特点。简约风格家具通常线条简单，除了橱柜为简单的直线直角外，沙发、床架、桌子亦为直线，不带太多曲线条，造型简单，富含设计或哲学意味又不夸张。此外，由于线条简洁、装饰元素少，现代风格家具往往是与完美的软装配合，以彰显美感。例如，沙发需用靠垫、餐桌需用餐桌布、床需用床单陪衬，软装到位是现代风格家具装饰的关键。

室内常选用简洁的工业产品，家具和日用品多采用直线，玻璃、金属也多被使用。现代家庭的简约不只是说装修，还反映在家居配饰上。因为家居的精简，所以每一样家居的存在都会更多元。例如，在可塑性最高的椅子部分，极简设计的椅子多有功能性，可自由调整高度、变化造型，床架可打开成为另一储物箱，橱柜打开后收纳功能强，桌椅可拉开变宽。

在室内装饰上，简约主义风格坚持"少就是多"的理念，提出要给家里的饰品做减法，对饰物的选择性要求很高，室内只适当摆设简单装饰物或盆栽，起到"画龙点睛"的作用，摒弃大面积的"温情感"装饰。

简约风格的室内一般由不占面积、折叠、多功能等为主的磨砂玻璃＋亚光小五金＋灰色调＋直线构成，替代木制品，在注意减少甲醛污染的同时，体现了现代时尚。

对室内陈设，简约主义提倡控制布艺、藤织品、小工艺品、手工艺品等温馨元素的体积和数量。保证居室出现的每一个装饰品都应该是"万里挑一"的精品，应该体现深厚的渊源、内涵和寓意。

第四节 前卫风格

一、风格起源

随着时代的发展，推陈出新，一种比简约更加凸显自我、张扬个性的风格成为青年人在家居设计中的首选。这种风格表达"万物皆为我用，万物皆为我生"的个人情感。无常规的空间结构，大胆鲜明、对比强烈的色彩布置，以及刚柔并济的选材搭配，无不让人感觉到一种超现实的平衡，而这种平衡无疑也是对审美单一、居住理念单一、生活方式单一的最有力的抨击。

二、设计手法与装饰元素

前卫风格设计多使用新型材料和工艺，追求个性的空间形式和结构特点。平面构图自由度大，常常采用夸张、变形、断裂、折射、扭曲等手法，打破横平竖直的室内空间造型，运用抽象的图案及波形曲线、曲面和直线、平面的组合，取得独特效果。在装饰、装修中，或采用完全钢架，或采用完全土木，或钢木结合。在木料上多用自然结构物质，只稍做加工，就能体现出一种自我情感与人为艺术的结合。色彩运用大胆豪放，追求强烈的反差效果，或浓重艳丽，或黑白对比，同时强调塑造奇特的灯光效果。

三、家具与陈设

前卫风格强调个人的个性和喜好，设置造型奇特的家具，室内实现设备现代化，将装饰艺术和时尚特色相互融合，使家居更具现代气息。强烈色彩与不同材质的对比，不单是对时尚的追逐，更是对时尚风格的一种个性展示。现代风格多借用金属、玻璃来装点，给人一种不受约束、享受自由的个性。功能上在使用舒适的基础上体现个性，有时还以现代绘画或雕塑来烘托超现实主义的室内环境气氛。

第五节　自然风格

自然风格倡导"回归自然"，认为只有推崇自然、结合自然，人们才能在当今高科技、高节奏的社会生活中，取得生理和心理的平衡。因此室内多用木料、织物、石材等天然材料，显示材料的纹理。

一、风格起源

自然风格是目前风头十足的设计风格。以钢筋水泥为支撑的现代都市建筑，其外观与室内装饰越来越远离自然，奔忙在繁华都市的现代人，生活的压力和生存的竞争使一切都变得具体而实际。回归自然无疑能帮助他们减轻压力、舒缓身心，迎合他们亲近自然的生活的需求。

二、设计手法与装饰元素

崇尚自然风格的人在室内环境设计中力求表现休闲、舒畅、自然的生活情趣，注重表现天然木、石、藤、竹等材质质朴的纹理，并巧妙设置室内绿化，营造自然、简朴、高雅的居家氛围。居室装饰中，厅、窗、地面一般均采用原木材质，木质以涂清油为主，透出原木特有的木结构和纹理，有的甚至连天花板和墙面都饰以原木，局部墙面用粗犷的毛石或大理石同原木相配，使石材特有的粗犷纹理与木材细腻单薄的风格结合，一粗一细，既产生对比又美化居室，让疲劳一天的人身处居室产生心旷神怡之感。

三、家具与陈设

自然风格的家具以大然木材为主要原料，并凸显特有的木结构和纹理。在当代城市环境污染日益恶化的情况下，通过自然界中的绿化把生活、学习、工作、休息的空间变为"绿色空间"，是环境改善的有效手段之一，正如苏东坡说过："宁可食无肉，不可居无竹。"

自然风格的家具大多使用自然材料，并强调多样的变化排列组合，加上一些机能性的设计，深得时尚人士的欢迎。

室内植物的摆放方法有很多，主要有以下几种：①重点装饰与边角装饰。所谓重点装饰就是将植物摆放于较为显眼处，如客厅正面墙的电视柜旁，而边角装饰则只摆放在边角部位，如客厅中沙发转角处，靠近角隅的餐桌旁处。②结合家具陈设等布置绿化，室内绿化除单独落地布置外，还可与家具、陈设、灯具等室内物件结合布置，如放在柜子转角的吊兰和放在茶几上的盆栽。③沿窗布置绿色植物，使植物接受更多的日照，形成室内绿色景观，可以做成花槽或在窗台上放置小型盆栽。无论哪种摆放方法都要根据居室特点进行设计，使植物融于居室，相得益彰，别出心裁。

第六节　英国田园风格

一、风格起源

由于其宗旨和手法的类同，英国田园风格归入自然风格一类。英式田园风格在室内环境中力求表现悠闲、舒畅、自然的田园生活情趣，因此常选用天然木、石、藤、竹等材质，并保留其质朴的纹理。

推崇"自然美"，崇尚自然、结合自然，是一般人对英国式家居的印象。一些花草配饰，华美的家饰布及窗帘，衬托出英国独特的居室风格。小碎花图案是英国田园调子的主题，如碎花床罩、格纹靠垫，一般用这种既美观大方又能营造温馨睡眠微环境的素雅图案来装饰卧室。英式手工沙发线条优美、颜色秀丽，注重面布的配色及对称之美，越是浓烈的花卉图案或条纹表现就越具有英式风格的味道。田园风格能受到很多业主的喜爱，原因在于人们对高品位生活向往的同时又对复古思潮有所怀念。

二、设计手法与装饰元素

英国田园风格像优雅成熟的中年女子，含蓄、温婉、内敛而不张扬，散发着从容淡雅的气质。墙面多采用色彩鲜艳绚丽的壁纸或涂料，即便是白墙也挂满了各种饰物；地面多采用实木地板（有点疤的最好）、天然石材或者是漂亮的地毯；门、窗、框和踢脚板多选用纯白色或者是木本色。还应该有一个较大面积的厨房和餐厅，橱柜和备餐台大多采用瓷砖铺面，餐桌用松木板钉，显得很好看又很实用；浴室里一定保留一个露着腿的传统式浴盆，绝不用玻璃隔断；最必不可少的是满屋子的花瓶和鲜花。

英国田园风格以安逸色彩，重绿辅黄，藤制品＋原木本色家具＋本色配饰——造型简单淳朴，呈现乡村怀旧风貌。

三、家具与陈设

英国是老牌的工业国家，其家具制造历史悠久。英式家具造型典雅、精致、富有气魄，注重细节。原有的较为粗糙的橡木平刻家具被易于细雕工的胡桃木家具所取代。

英式田园风格的床多以高背床、四柱床为成人用床，可爱的公主床则是乖乖女的梦想天堂，小尺寸的栏杆床则是调皮儿子的最爱。成人床多配以70厘米左右高的床头柜和床尾凳，方便起居。居室内按空间配以恰当大小的或两门或三门或四门的衣柜来收放衣物，当然还有必备的梳妆台，靠窗处常配一休闲椅和小圆几或小方几，闲时可在此品一杯香浓的咖啡。造型优雅的田园台灯是必不可少的配饰，墙上悬挂圆镜或方镜，配备一两个复古的闹钟、瓷器。

第七节　美国乡村风格

一、风格起源

美国人大多具有怀旧、浪漫情结，这种情结使得美国的乡村风格可以与宫廷风格的古典华贵分庭抗礼且毫不逊色。从世界范围上看，现在大多数人对舒适轻松的乡村生活的向往已到了近乎痴迷的程度，大自然本身蓬勃的生命力足以令所有"生命体"心动不已。美国乡村风格主要强调"回归乡土"，室内环境的"原始化""返璞归真"突出了生活的舒适和自由。回归与眷恋、淳朴与真诚是乡村风格的灵魂，它简洁自然，又便于打理，非常符合人们日常的生活习惯，因此得到文人雅士的推崇。

在长期的设计变革中，美国乡村风格积极地进行着自我体系的完善和风格划分，产生了犹如朴实纯粹的自然乡村风格，追求奢华体验的高级乡村风格，以及集各种设计装饰风格于一体的现代乡村风格。然而不论哪种乡村风格，都是由美式古典风格延续下来的，因而都少不了美式古典风格的影子。美国乡村风格讲求的是劳动者的自由、舒适、勤奋和开拓进取的浪漫主义自然情怀。

二、设计手法与装饰元素

美国乡村风格有务实、规范、成熟的特点。以美国的中产阶级为例，他们有着相当不错的收入做支撑，可以在面积较大的居室中，按照自身喜好进行设计和布置，设计案例也在相当程度上表现出居住者的品位、爱好和生活价值观。一般而言，进了户门，就可以欣赏到家居空间对外的公共部分，客厅、餐厅都是为了招待来宾和宴请朋友用的。

在材料选择上多倾向于较硬、光挺、华丽的材质。餐厅基本上都与厨房相连，厨房的面积较大，操作方便、功能颇多。在与餐厅相对的厨房的另一侧，一般都有一个不太大的便餐区。厨房的多功能还体现在家庭内部的交流多在这里进行，这两个区域同起居室连成一个大区域，成为家庭生活的中心。电视等娱乐用品通常都放在这一空间，可以想象在电视广告的声色、锅碗瓢盆的和乐、孩子嬉戏的杂音下，这"三区一体"真为其乐融融。

布艺是美国乡村风格中的重要设计元素，本色的棉麻是主流，布艺的天然感与乡村风格相得益彰。从花色来说，单色块（红、黑、灰、白）布艺不再流行，而各种繁复的花卉植物、靓丽的异域风情和鲜活的鸟虫鱼图案受到人们喜爱。

壁纸大多也都选择富有机理、质地天然的纸浆制品。人们很喜欢在墙面上贴一些壁纸，粉刷色彩饱满的涂料。布艺的功能在很多地方都能得到发挥，首先是墙面，如果墙面的颜色过重，重新铺壁纸比较困难，那么实现乡村风格梦的捷径就是挂上一块布，简单的做法是用泡沫和木条做成软框，然后在表面贴上整幅的布（也可用各色花色拼凑），这样靠墙一站就能立刻改变大房间的基调。居家免不了使用各式各样的家电用品，如果和乡村家具不协调，可采用布艺装饰法，例如用花布给面盆做围裙，用花布包镜子边等。

美国乡村风格的色彩选择很重要，多为复合色。本色、自然、怀旧，再配以散发着浓郁乡土风情或泥土气息的色彩是乡村风格的典型特征。色彩以自然色调为主，绿色、土褐色最为常见。

三、家具与陈设

美国乡村风格的家具通常体积粗犷庞大，整体线条硬朗清晰。在地毯、布艺、锅碗瓢盆等装饰家居用品的选择上也都延续着"大主义"，这种"大"不是体积和视觉上的大，而是一种信手拈来的豪放。也许是因为受到美国文化构成的影响，美国人是很懂得融合的，所以在美国设计中见到亚洲、欧洲、非洲的影子也就不足为奇了。美国乡村风格设计也理所当然地秉承着这种容纳精神。

美国乡村风格是以灯光的协调性和富质感、款式不易被淘汰的家具来体现主人的品位。一般是先决定家具的款式和色彩，再选择相应的装饰方案。实木餐桌、餐边柜，款式简洁流畅，因此只用精致的漆花进行装点。碎花布面的椅子和布艺沙发，是典型的美国乡村风格家具。整套居室风格淡雅、柔和，没有很复杂的吊顶，也看不见花哨的饰面装饰。墙面用涂料粉饰，以简洁的实木踢脚线勾勒，通过柔和的灯光营造温暖的氛围。

早期美国乡村风格的家具多为实木材质，以樱桃木（欧式）、榆木（中式）居多。这两种木材都比较容易造型。樱桃木追求结构的灵巧和轻盈，适合法国或英国乡村风格；榆木的纹理非常质朴，在结构和造型上倾向敦实和质朴，长条的餐桌或者宽大的榆木桌椅非常常见，使用起来就像在郊外野餐一样，立刻就能拉近用餐者的距离。

近些年来，美国乡村风格的家具与以往相比已有了很大的变化，主要表现为以下几点。其一，铁艺的运用。用上品铁艺制作而成的铁架床、铁艺与木制品结合而成的各色家具，使乡村的气息更浓，得到了很多乡村风格爱好者的青睐。其二，家具的工艺处理。简约派的家具要求平、整、硬、板，乡村风格家具却恰恰相反。松软的沙发、故意磨旧（做旧）的家具、本色的材质都是上选。重点在做旧工艺，对于乡村风格家具来说，天然的痕迹是最美的，虫子洞、伐木的钉眼、漆面不整的破皮是乡村风格中非常流行的。着色上也较为轻盈，淡淡的绿色、发旧的乳白色和浅浅的粉蓝色都在乡村风格中被普遍使用。其三，在美国风格的家具当中，点缀着抽象印花图案的布艺看起来清淡优雅，比较典型的是吉祥花卉图案、水果图案或其他有趣的卡通图案。

美国乡村风格中居室内的沙发有如下特点。第一，具有温暖柔和的色调。由于强调居家自然风格，因此美式沙发在色彩的选用上以清爽、柔软、舒服的感觉为主。第二，讲究平实的设计线条。美式休闲沙发并不强调创意，而倾向亲切的居家风格，注重传统的家具设计，并在材质上强调环保材料，比如使用抗菌的面料等。第三，强调随意自然摆放。美式沙发并不特别强调成套成组的设计与摆放，更主张自由的搭配，完全遵循个人喜好。

美国乡村风格室内装饰品多以铁艺、棉麻、陶、瓷为首选，在这纯粹简单甚至略显粗糙的质地上往往绘制了色彩缤纷的大型花卉图案，纯木或纯石材的地面上再配以三两块来自墨西哥、尼泊尔或是中国的纯毛手工地毯，整体上看起来自然温馨，并且十分"大气"。

说到乡村风格，不能不提花卉。花是美国乡村风格中极具代表性的元素，从床上用品到沙发、靠垫等各种纺织用品，凡带有大型或大面积花卉图案的物品，都很有可能被美国家庭用来装饰"乡村"系列的家居。它们独有清新的乡间气息，只需看上一眼，自由奔放、温暖舒适感受就会涌上心头。对于乡村风格来说，花卉的运用是非常重要的。阔叶或者较为男性风格的绿植，都不太适合乡村风格。而满天星、薰衣草、迷迭香、新娘、雏菊、月季、玫瑰等，有香味的植物，就非常适合乡村风格。另外将花园里的新鲜花草或者某一次甜蜜浪漫的家庭烛光晚餐剩下的干燥花瓣和香料，插在造型简单的陶瓷瓶罐中，甚至是破陶盆中，都非常富有乡村气息。

第四章　室内风格设计

第一节　室内色彩风格设计

一、色彩原理——色彩三要素

色相、明度和纯度是色彩的三要素。

色相是色彩的表象特征，是色彩的相貌。通俗一点讲，色相是指能够比较确切地表示某种颜色的色别名称，如玫瑰红、橘黄、柠檬黄、钻蓝、群青、翠绿等，用来称谓对在可视光线中能辨别的每种波长范围的视觉反应。色相是由色彩的物理性能所决定的，由于光的波长不同，特定波长的色光就会显示特定的色彩。在三棱镜的折射下，色彩的这种特性会以有序排列的方式体现出来，人们根据其中的规律性，制定出色彩体系。色相是色彩体系的基础，也是我们认识各种色彩的基础，有人称其为"色名"。

明度指色彩的明暗差别，不同色相的颜色，有不同的明度，黄色明度高，紫色明度低。同一色相也有深浅变化，如柠檬黄比橘黄的明度高，粉绿比翠绿的明度高，朱红比深红的明度高等。在无彩色中，明度最高的色为白色，明度最低的色为黑色，中间存在一个从亮到暗的灰色系列。

纯度，又称"饱和度"，它是指色彩鲜艳的程度。纯度的高低决定了色彩包含标准色成分的多少。在自然界，不同的光色、空气、距离等因素，都会影响色彩的纯度。比如，近的物体色彩纯度高，远的物体色彩纯度低，近的树木的叶子色彩是鲜艳的绿，而远的则变成灰绿或蓝灰等。

二、色彩的情感效应

色彩的情感效应及所代表的颜色，见表4-1。

表4-1　色彩的情感效应

色彩情感	产生原理	代表颜色
冷暖感	冷暖感本来属于触感范畴，由于一定的生理反应和生活经验，即使不去用手摸，只是用眼睛看也会根据颜色感到暖和冷	暖色如紫红、红、橙、黄、黄绿；冷色如绿、蓝绿、蓝、紫
轻重感	轻重感本是物体质量作用于人类皮肤和运动器官而产生压力和张力所形成的知觉	明度、彩度高的暖色（白、黄等）给人以轻的感觉，明度、彩度低的冷色（黑、紫等），给人以重的感觉。按由轻到重的次序排列：白、黄、橙、红、中灰、绿、蓝、紫、黑
软硬感	色彩的明度决定了色彩的软硬感。它和色彩的轻重感也有着直接的关系	明度较高、彩度较低、轻而有膨胀感的暖色显得柔软；明度低、彩度高、重而有收缩感的冷色显得坚硬
欢快和忧郁感	色彩能够影响人的情绪，形成色彩的明快与忧郁感，也称色彩的积极与消极感	高明度、高纯度的色彩比较明快、活泼，低明度、低纯度的色彩则较为消沉、忧郁。无彩色中黑色消极，白色明快，灰色较为平和
舒适与疲劳感	色彩的舒适与疲劳感实际上是色彩刺激视觉生理和心理的综合反应	暖色容易使人感到疲劳、烦躁不安、沉重、阴森、忧郁；清淡明快的色调能给人轻松愉快的感觉
兴奋与沉静感	色相的冷暖决定了色彩的兴奋与沉静，暖色能够使人充满活力；冷色则给人沉静感觉	彩度高的红、橙、黄等鲜亮的颜色给人以兴奋感；蓝绿、蓝、蓝紫等明度和彩度低的深暗的颜色给人以沉静感

色彩情感	产生原理	代表颜色
清洁与污浊感	有的色彩令人感觉干净、清爽，而有的浊色，常会使人感到藏有污垢	清洁感的颜色如明亮的白色、浅蓝、浅绿、浅黄等；污浊的颜色如深灰或深褐

三、色彩性格及在室内设计中的应用

（一）红色

红色是热烈而欢快的颜色，它在人的心理上是热烈、温暖、冲动的。红色能烘托气氛，给人以热情、热烈、温暖或完满的感觉，有时也会给人以愤怒、兴奋或挑逗的感觉。在红色的感染下，人们会产生强烈的斗志。

红色运用于室内设计，可以大大提高空间的注目性，使室内空间产生温暖、热情、自由奔放的感觉，另外红色有助于增强食欲，可用于厨房装饰。

（二）绿色

绿色具有清新、舒适、休闲的特点，有助于缓解精神紧张和视觉疲劳。绿色象征青春、成长和希望，使人感到心旷神怡，舒适平和。绿色是富有生命力的色彩，运用于室内装饰，可以营造朴素简约、清新明快的室内气氛。

（三）黄色

黄色具有高贵、奢华、温暖、柔和、怀旧的特点。黄色渗透着灵感和生气，能引起人们无限的遐想，使人欢乐、振奋。黄色具有帝王之气，象征着权力、辉煌和光明；黄色高贵、典雅，具有大家风范；黄色还具有怀旧情调，使人产生古典唯美的感觉。黄色作为室内设计的主色调，可以使室内空间产生温馨、柔美的感觉。

（四）蓝色

蓝色具有清爽、宁静、优雅的特点，象征深远、理智和诚实。蓝色使人联想到天空和海洋，有镇静作用，能缓解紧张心理，增添安宁与轻松之感。蓝色宁静又不缺乏生气，高雅脱俗。蓝色运用于室内装饰，可以营造出清新雅致、宁静自然的室内气氛。

（五）黑色

黑色具有稳定、庄重、严肃的特点，象征理性、稳重和智慧。黑色是无彩色系的主色，可以降低色彩的纯度，给人以安定、平稳的感觉。黑色运用于室内装饰，可以增强空间的稳定感，营造出朴素、宁静的室内气氛。

（六）白色

白色具有简洁、干净、纯洁的特点，象征高贵、大方。白色使人联想到"冰"与"雪"，具有冷调的现代感和未来感。白色具有镇静作用，给人以理性、秩序和专业的感觉。白色具有膨胀效果，可以使空间更加宽敞、明亮。白色运用于室内装饰，可以营造轻盈、素雅的室内气氛。

（七）紫色

紫色具有冷艳、高贵、浪漫的特点，象征天生丽质、浪漫温情。紫色具有罗曼蒂克般的柔情，是爱与温馨交织的颜色，尤其适合新婚的小家庭。紫色运用于室内装饰，可以营造高贵、雅致、纯情的室内气氛。

（八）灰色

灰色具有简约、平和、中庸的特点，象征儒雅、理智和严谨。灰色是深思而非兴奋、平和而非激情的色彩，使人视觉放松，给人以朴素、简约的感觉。此外，灰色使人联想到金属材质，具有冷峻、时尚的现代感。灰色运用于室内装饰，可以营造宁静、柔和的室内气氛。

（九）褐色

褐色具有传统、古典、稳重的特点，象征沉着、雅致。褐色使人联想到泥土，具有民俗和文化内涵。褐色具有镇静作用，给人以宁静、优雅的感觉。中国传统室内装饰中常用褐色作为主调，体现出东方特有的古典文化魅力。

四、室内色彩的搭配与组合设计

色彩的搭配与组合可以使室内色彩更加丰富、美观。室内色彩搭配力求和谐统一，通常用两种以上的颜色进行组合，要有一个整体的配色方案，不同的色彩组合可以产生不同的视觉效果，也可以营造出不同的环境气氛。

黄色＋茶色（浅咖啡色）：怀旧情调，朴素、柔和。

蓝色＋紫色＋红色：梦幻组合，浪漫、迷情。

黄色＋绿色＋木本色：自然之色，清新、悠闲。

黑色＋黄色＋橙色：青春动感，活泼、欢快。

蓝色＋白色：地中海风情，清新、明快。

青灰＋粉白＋褐色：古朴、典雅。

红色＋黄色＋褐色＋黑色：中式民族风格，古典、雅致。

米黄色＋白色：轻柔、温馨。

黑＋灰＋白：简约、平和。

第三节　室内照明风格设计

一、室内照明灯具的类别

（一）吸顶灯

吸顶灯是安装在房间内部的天花板上，光线向上射，通过天花板的反射对室内进行间接照明的灯具。吸顶灯的光源有白炽灯、荧光灯、高强度气体放电灯、卤钨灯等。吸顶灯主要用于卧室、过道、走廊、阳台、厕所等地方，适合作整体照明用。吸顶灯灯罩一般有乳白玻璃和 PS（聚苯乙烯）板两种材质。吸顶灯的外形多种多样，有长方形、正方形、圆形、球形、圆柱形等。其特点是大众化，且经济实惠。吸顶灯安装简易，款式简单大方，能够赋予空间清朗明快的感觉。

另外，吸顶灯有带遥控和不带遥控两种，带遥控的吸顶灯开关方便，适用于卧室中。

（二）吊灯

吊灯是最常采用的直接照明灯具，因其明亮、气派，常装在客厅、接待室、餐厅、贵宾室等空间。吊灯一般都有乳白色的灯罩。灯罩有两种，一种是灯口向下的，灯光可以直接照射室内，光线明亮；另一种是灯口向上的，灯光投射到顶棚再反射到室内，光线柔和。

吊灯可分为单头吊灯和多头吊灯。在室内设计中，厨房和餐厅多选用单头吊灯，客厅多选用多头吊灯。吊灯通常以花卉造型较为常见，颜色种类也较多。吊灯的安装高度应根据空间属性而有所不同，公共空间相对开阔，其最低点应离地面一般不应小于 2.5 米，居住空间不能少于 2.2 米。

吊灯的选用要领主要体现在以下几个方面。其一，安装节能灯光源的吊灯，不仅可以节约用电，还有助于保护视力（节能灯的光线比较适合人的眼睛）。另外，尽量不要选用有电镀层的吊灯，因为时间久了电镀层容易掉色。其二，由于吊灯的灯头较多，通常情况下，带分控开关的吊灯在不需要的时候，可以局部点亮，以节约能源。其三，一般住宅通常选用简洁式的吊灯；复式住宅则通常选用豪华吊灯，如水晶吊灯。

（三）射灯

射灯主要用于制造效果，点缀气氛，它能根据室内照明的要求。灵活调整照射的角度和强度，突出室内的局部特征，因此多用于现代流派的室内设计。

射灯的颜色有纯白、米色、黑色等多种。射灯外形有长形、圆形，规格、尺寸、大小不一。射灯造型玲珑小巧，具有装饰性；射灯光线柔和，既可对整体照明起主导作用，又可局部采光，烘托气氛。

（四）落地灯

落地灯是一种放置于地面上的灯具，其作用是满足房间局部照明和点缀装饰家庭环境的需求。落地灯一般布置在客厅和休息区域，与沙发、茶几配合使用。落地灯除了可以照明，也可以制造特殊的光影效果。一般情况下，灯泡瓦数不宜过大，这样的光线更便于创造柔和的室内环境。落地灯常用作局部照明，强调移动的便利，对于角落气氛的营造十分实用。落地灯通常分为上照式落地灯和直照式落地灯。

（五）台灯

台灯是日常生活中用来照明的一种家用电器，一般应用于卧室以及工作场所，以解决局部照明。绝大多数台灯都可以调节其亮度，以满足工作、阅读的需要。台灯的最大特点是移动便利。

台灯分为工艺用台灯（装饰性较强）和书写用台灯（重在实用）。在选择台灯的时候，要考虑选择台灯的目的。一般情况下，客厅、卧室多用装饰台灯，而工作台、学习台则用节能护眼台灯。

（六）筒灯

筒灯是一种嵌入顶棚内、光线下的照明灯具。筒灯一般装设在卧室、客厅、卫生间顶棚的周边。它的最大特点就是能保持建筑装饰的整体与统一，不会因为灯具的设置而破坏吊顶艺术的完美统一。

（七）壁灯

壁灯是室内装饰常用的灯具之一，一般多配以浅色的玻璃灯罩，光线淡雅和谐，可把环境点缀得优雅、富丽、柔和，倍显温馨，尤其适于卧室。壁灯一般用作辅助性的照明及装饰，大多安装在床头、门厅、过道等处的墙壁或柱子上。壁灯的安装高度应超过视平线 1.8 米。卧室的壁灯距离地面可以近些，可略高于视平线 1.4 ~ 1.7 米。壁灯的照度不宜过大，以增加感染力。

壁灯不是作为室内的主光源来使用的，其造型要根据整体风格来定，灯罩的色彩选择应根据墙色而定，如白色或奶黄色的墙，宜用浅绿、淡蓝的灯罩；湖绿和天蓝色的墙，宜用乳白色、淡黄色的灯罩。在大面积一色的底色墙布上点缀一盏醒目的壁灯，能给人幽雅清新之感。另外，要根据空间特点选择不同类型的壁灯。例如，小空间宜用单头壁灯；较大空间用双头壁灯；更大的空间应该选择厚一些的壁灯。

二、室内照明风格分析

室内照明风格是指室内照明在造型、材质和色彩上呈现出独特的艺术特征和品格。室内照明的风格主要有以下几类。

（一）欧式风格

欧式风格的室内照明强调华丽的装饰、浓烈的色彩和精美的造型，以达到雍容华贵的装饰效果。其常使用镀金、铜和铸铁等材料，显现出金碧辉煌的感觉。

（二）中式风格

中式风格的室内照明造型工整、色彩稳重，多以镂空雕刻的木材为主要材料，营造出室内温馨、柔和、庄重和典雅的氛围。

（三）现代风格

现代风格的室内照明造型简约、时尚，一般选用具有金属质感的铝材、不锈钢或玻璃，色彩丰富，适合与现代简约型的室内装饰风格相搭配。

（四）田园风格

田园风格的室内照明倡导"回归自然"的理念，美学上推崇"自然美"，力求表现出悠闲、舒畅、自然的田园生活情趣。在田园风格里，粗糙和破损是允许的，因为只有这样才更接近自然。田园风格的用料常采用陶、木、石、藤、竹等天然材料，这些材料粗犷的质感正好与田园风格不事雕琢的追求相契合，达到自然、简朴、雅致的效果。

三、室内照明设计的原则要求

（一）分清主次

室内照明在设计时应注意主次关系的表达。因为室内照明是依托室内整体空间和室内家具而存在的，室内空间中各界面的处理效果，室内家具的大小、样式和色彩，都会对室内照明的搭配产生影响。为体现室内照明的照射和反射效果，在室内界面和家具材料的选择上尽量选用一些具有抛光效果的材料，如抛光砖、大理石、玻璃和不锈钢等。

室内照明设计时，应充分考虑照明的大小、比例、造型样式、色彩和材质对室内空间效果造成的影响，如在方正的室内空间，可以选择圆形或曲线形的照明，使空间更具动感和活力；在较大的宴会空间，可以利用连排的、成组的吊灯，形成强烈的视觉冲击，增强空间的节奏感和韵律感。

（二）体现文化品位

室内照明在装饰时需要体现民族和地方文化特色。许多中式风格的空间常用中国传统的灯笼、灯罩和木制吊灯体现中国特有的文化传承。一些泰式风格的度假酒店，也选用东南亚特制的竹编和藤编照明来装饰室内，给人以自然、休闲的感觉。

（三）照明风格相互协调

室内照明搭配时应注意照明的格调要与室内的整体环境相协调。如中式风格室内要配置中式风格的照明，欧式风格的室内要配置欧式风格的照明，切不可张冠李戴，混杂无序。

第四节　室内软装风格设计

一、国内外室内软装的历史与发展趋势

（一）国内室内软装的发展历史

1. 软装饰的产生及原始社会的软装饰

中国作为一个历史悠久的文明古国，早在原始社会人们懂得使用工具进行生产劳动的阶段就有了软装饰的雏形。原始社会，人类通过劳动创造"居室"，而伴随居室出现的仿生图像为最初的装饰历史考证。

在北方，多以石穴为居，因此装饰图像以石壁凿刻为主，以狩猎场面为主要内容的岩画分布广泛，如黑山岩画《猫虎扑食图》。南方则以古老的陶器为主要器皿，原始人用动物鲜血和赤铁矿粉、用羽毛笔在陶器上绘制形若羚羊、飞鸟等动物图像的纹样，作为最初的"装饰艺术"。目前已获考证的有新石器时代半坡出土的彩陶器皿，上面有鸟兽奔跑的仿生图样。

2. 商周至春秋战国时期的软装饰

根据象形文、甲骨文以及商、周时期铜器的记载和纹样的推测，当时已开始用兽皮、树叶等制成的编织物来铺设室内的地面和墙面，并产生了几、桌、箱柜的雏形。湖南长沙楚墓出土的春秋战国时期文物中，漆案、木几、木床、壁画、青铜器等，反映了当时已经将精美的彩绘和浮雕艺术作为处理居室视觉效果的装饰手法，著名的以灵魂升天为主要题材的帛画《人物龙凤图》《人物驭龙图》及青铜器错银环耳扁壶都体现着当时的装饰水平。

3. 汉代的软装饰

纺织品的出现也使室内软装饰的发展迈进了一大步。自汉代以来，帛画成了重要的室内软装饰元素。汉乐府长篇叙事诗《孔雀东南飞》中有"红罗复斗

帐，四角垂香囊"的词句，以及马王堆出土的汉代帛画，这些都是汉代纺织品在建筑的内部空间中用于装饰的生动写照。

4. 唐代的软装饰

唐朝是中国历史上最辉煌的朝代，织锦、线毯、绢丝描绘了皇宫华贵艳丽的场面，诗人白居易在《红线毯》中写道："红线毯，择茧缫丝清水煮，拣丝练线红蓝染。染为红线红于蓝，织作披香殿上毯。披香殿广十丈馀，红线织成可殿铺。彩丝茸茸香拂拂，线软花虚不胜物……"表现了织物绣品装饰的盛行。

另外，在南唐宫廷画院顾闳中的《韩熙载夜宴图》及周文矩的《重屏绘棋图》中可以看出，唐代已出现造型成熟的几、桌、椅、三折屏、宫灯、花器等软装饰家具及摆件饰物。而在唐代诗人王建的《宫词》中曾咏道："一样金盘五千面，红酥点出牡丹花"，反映了唐朝大量使用装饰精美的金银器皿的真实情境。

5. 明清时期的软装饰

进入到明清时期后，软装饰中的家具有了重大突破，从古人"席地而坐"的坐卧式家具，过渡到各种造型的椅子及高桌，并在雕琢装饰工艺上大下功夫，因此明清时期的家具成为中式古典装饰风格中代表性的设计元素，一直被人们关注。

勤劳聪慧的中国人民自古就拥有室内装饰的创造力和鉴赏力，注重表达情感的意境，布置书画、对联，追求诗情画意，在室内装饰设计上融入儒家文化礼制思想，强调人文意识，注重感官和视觉的舒适度。

21世纪的中国，室内软装饰方面为更多人所关注和研究，正以快捷的步伐飞速发展。

（二）国外室内软装的发展历史

1. 古代室内装饰

古埃及、古希腊、古罗马都是古老装饰艺术的代表性国家。古埃及神庙和陵墓中精美的壁画，雕刻精致的家具体现着王室生活方式。古希腊、古罗马的雕塑、壁画、器皿上的装饰风格，体现着亚平宁半岛的特有风情。

2. 中世纪的软装饰

由于受到极强的宗教影响，中世纪的室内装饰呈现以拜占庭文化为主的波斯王朝特色的装饰元素及以哥特文化为主的基督题材装饰绘画。

3. 文艺复兴时期的软装饰

文艺复兴时期，室内装饰从宗教色彩回到了世俗生活，强调以人为本的观念，但装饰的手法更为繁复、奢华，无不彰显贵气。

4. 近代欧洲软装饰的发展与复兴

近代软装饰艺术发源于现代欧洲，又被称为装饰派艺术，也称"现代艺术"。它兴起于 20 世纪 20 年代，经过 10 年的发展，于 20 世纪 30 年代形成了声势浩大的软装饰艺术。此时的室内软装饰深受包豪斯学院派思潮影响，装饰图案呈几何形或由具象形式演化而成，所用材料丰富且以贵重的居多，装饰主题体现着人类的回归情结。

软装饰艺术在第二次世界大战后的数年里不再流行，但从 20 世纪 60 年代后期开始重新引起了人们的注意，并获得了复兴。到现阶段，软装饰已经到了比较成熟的程度。

（三）室内软装的发展现状

在人类的环境意识逐渐觉醒的今天，人们开始渴求自身价值的回归，寻求"人—空间—环境"的和谐共生的空间环境。这就需要我们的软装饰设计以人为本，配合室内环境的总体风格，利用不同装饰物所呈现的不同性格特点和文化内涵，使单纯、枯燥、静态的室内空间变成丰富的、充满情趣的、动态的空间。

一位资深家居设计大师认为，就家居环境而言，软装饰是对主人的修养、兴趣、爱好、审美、阅历，甚至情感世界的诠释。也有从家装市场反馈的最新消息称，近六成的装修设计师认为，时尚、高档硬体装修材料并非优质装修的必要条件，整体装修效果的突出更多源自新颖的装修手法、合理的家具配置及精心选用的饰品，这些软装饰设计成为业主关注的核心。

软装饰本身就具有简单易行、花费少、随意性大、便于清洁等优点，随着大众收入的提高，室内软装饰消费正成为室内空间装饰的新热点。

"轻硬装，重软装"的居家理念正在风行。软装市场迅速涌现宜家、特力屋等家饰软装品牌。在一些经济发达的城市，如北京、上海、深圳、广州等地相继出现了专业的软装饰设计服务公司，这些公司对室内软装饰设计的实践应用方面进行了初步的探索。尤其上海，作为中国软装饰界的先驱之地，与软装饰相关的各大花艺专营市场、灯具专营市场林立，大型家具专卖店、大型饰品专卖店应运而生，甚至出现了专业的软装时尚杂志。室内软装迅速成为这个国际大都市的一枚不可缺少的时尚标志。

（四）室内软装饰发展的趋向

如今，个性化与人性化设计日益得到重视，人们也越来越关注自身价值的回归，这一点尤其体现在软装饰设计上。营造理想的个性化、人性化环境，就必须处理好软装饰，从满足使用者的需求心理出发。不同的政治、文化背景、社会地位的人，有着不同的消费需求，也就有不同的"软装饰"理想。只有对不同的消费群进行深入研究，才能创造出个性化的室内软装饰；只有把人放在首位，以人为本，才能使设计人性化。通过室内软装饰的发展和现状可以发现，室内软装饰设计呈现以下几种趋向。

1. 软装饰投资的扩大

随着人们环境意识与审美意识的逐渐提高，人们精神领域的需求越来越多。舒适的生活环境、室内造型能够给人以心灵的慰藉与视觉的享受。因此，满足人们和谐、舒适需求的设计将越来越受追捧，而这种和谐与舒适主要体现在室内的软装饰设计上。人们会购入较多的工艺品、收藏品，设置更多的装饰造型景观，对室内色彩与材质更加关注等，即在室内软装饰上下本钱。可以预见，未来室内软装饰的投资比重将会越来越大。

2. 个性化与人性化增强

个性与人性是当今设计的一项重要创作原则，因为缺乏个性与人性的设计不能够满足人们的精神需求，千篇一律的风格使人缺少认同感与归属感。因此，在装饰上塑造个性化与人性化的环境是装饰设计师必须明确的。

3. 注重室内文化的品位

如今的室内空间，无论是造型设计，还是室内软装饰，都将在重视空间功能的基础上，加入文化性与展示性元素，营造家居的文化氛围，使人产生置身于文化、艺术空间的感觉。

4.注重民族传统

中国传统古典风格具有庄重、优雅双重品质。如电视剧《红楼梦》里展现的一系列的古色古香的装饰：墙面的装饰有手工织物（如刺绣的窗帘等）、中国山水挂画、书法作品、对联等；地面铺手织地毯，配上明清时代的古典家具；靠垫用绸、缎、丝、麻等材料做成，表面用刺绣或印花图案做装饰。这种具有中国传统民族风格的装饰使得室内空间充满了韵味。

5.注重生态化

科技的发展为装饰设计提供了新的理论研究与实践契机。现代室内软装饰设计应该充分考虑人的健康，最大限度地利用生态资源创造适宜的人居环境。为室内空间注入生态景观，在室内软装饰设计中已经十分常见，而有效、合理地设置和利用生态景观则是室内软装饰设计师要充分考虑的问题，要求设计师能够把室内空间纳入一个整体的循环体系中。

二、室内软装设计的形式美法则

室内软装饰设计的形式美法则包括对比与和谐、统一与变化、节奏与韵律三个方面的内容。

（一）对比与协调

对比与协调是一对对立的统一体，设计师在设计室内软装时，要把握两者之间的平衡关系，根据所设计的作品的实际情况进行归纳、整合，只有将两者有机、安定地结合，才能使设计出来的作品呈现出更高层次的美感。

1.对比

对比指在一个造型中包含着相对或相互矛盾的要素，是两种不同要素的对抗。也就是说两种以上不同性质或不同分量的物体在同一空间或同一时间出现时，会呈现视觉上的对比，彼此不同的个性会更加显著。

室内软装饰设计的对比原则是指在搭配室内的软装饰陈设时，应注意在和谐统一的前提下，适当地在样式、材料和色彩等方面进行差异变化，避免搭配时因过度追求协调而形成呆板感。

在室内软装设计中，运用对比的设计手法，可使形态充满活力与动感，又可起到强调突出某一部分或主题的作用，使设计个性鲜明。其主要原因是对比产生的效果能强烈刺激视觉，从而产生紧张感，继而在视觉上产生快感。对比要素有大—小，长—短，宽—窄，厚—薄，黑—白，多—少，直—曲，锐—钝，水平—垂直，斜线—圆曲线，高—低，面—线，面—立体，线—立体，光滑—粗糙，硬—软，静止—运动，轻—重，透明—不透明，连续—断续，流动—凝固，甜—酸，强—弱，高音—低音，以及七色的色彩对比等。

2. 协调

协调是指整体中各个要素之间的统一与协调。其主体体现在事物内部之间的适应关系上，如局部与局部之间、局部与整体之间。当这种关系十分协调时，也就得到了统一，继而也会出现和谐、安定的美感。

室内软装饰设计的协调原则是指在搭配室内的软装饰陈设时，应注意风格、样式、材料和色彩等方面的和谐统一，避免无序混搭。

协调在形态要素上主要有点、线、面、体的协调。通过对各要素之间的呼应、中和、联系等进行处理，可获得形态构成美的秩序。

在室内软装设计中，设计师可以将相同性质的要素进行组合，从而达到和谐的目的。例如，可以在变化中追求形状、色彩或质地（肌理）等方面的相同和一致，来达到和谐的视觉效果。

综上所述，对比与和谐是对立统一的。它们也是形态设计中最富表现力的手段之一。室内软装饰设计应本着"大协调、小对比"的原则进行搭配。

（二）统一与变化

1. 统一

任何一种完美的造型，都必须具有统一性。室内软装饰设计的统一原则是指在搭配室内的软装饰陈设时，应注意风格、造型、色彩和环境的协调关系，使室内的整体效果和谐、统一。也就是说，设计师设计的同一物体，其要素的多次出现，不同要素趋向或安置在某个要素之中，都需要整体风格一致。这样才能使所设计的产品整体风格一致，给人井井有条的感觉。

事物的统一性和差异性，由人们通过观察而识别。但需要注意，若只追求统一，而忽略一些应有的变化，则会使设计的产品较为"呆滞"。因此，设计师应该根据实际情况，理性对待。

2. 变化

变化是指设计的同一物体，其要素与要素之间要有差异性，或者相同要素在设计上要产生视觉差异感。这样做是防止所设计物体呆滞、生硬。因此，对物体设计进行适当变化，有利于突出物体的律动感，从而增加物体的生命力，进而吸引消费者。这也是为减轻心理压力、平衡心理状态服务的。

室内软装饰设计的变化原则是指在搭配室内的软装饰陈设时，应在统一的前提下，适当地在造型、色彩和照明等方面进行差异变化，如造型的曲直、方圆变化，色彩的冷暖、鲜灰、深浅变化，照明的强弱、虚实变化等。

需要注意的是，变化是相对的，必须有度。变化过多则看起来杂乱、无序，产生错乱的感觉，从而给消费者带来烦躁、压抑、疲乏之感。因此，设计师需要根据实际效果进行合理的变化调配。

综上所述，在室内软装设计中，无论是物体的形态、色彩、装饰、肌理都要考虑统一与变化这一因素。也就是说，统一与变化必须有一个为主，其余为辅，合体调配。

（三）节奏与韵律

节奏与韵律是室内软装设计中不可缺少。例如，线条的大小、粗细、疏密、刚柔、长短、曲直和形体的方、圆等有规律的变化，便可产生节奏与韵律。

1. 节奏

节奏在音乐中是指音乐节拍的强弱、长短、力度的交替出现。在室内软装设计中，节奏主要是通过所设计物品的内在组成元素在一定空间范围内间隔地反复出现而体现的。例如，通过调节屋内家具或装饰的形态、大小、构件、质量等方面的规律变化，便可产生节奏感。

在实际设计中，如果审美对象所体现的节奏与人的生理自然秩序呈同步感应状态，那么人就感觉和谐、愉快。所以具有美感的节奏，既是客观与主观的统一，也是一种心理与生理的统一。

2. 韵律

韵律是指节奏与节奏之间运动所表现的姿态。韵律产生的美感则是一种抑扬关系有规律的重复、有组织的变化。韵律在视觉形象中往往表现为相对均匀的状态，在严谨平衡的框架中，又不失局部变化的丰富性。例如，自然界中的潮起潮落、云卷云舒、满湖涟漪会引起人们对一些抽象元素不同的联想；起伏很大的折线、弧线使人感到动荡激昂；弧度不大的波状线使人感到轻快，这些联想正是韵律在人们审美意识中的体现。

在室内软装设计中，人们常常利用某些因素有规律的重复和交替，把形、色、线有计划、有规律地组织起来，并使之符合一定的运动形式，如渐大或渐小、递增或递减、渐强或渐弱等。有秩序、按比例交替组合运用就会产生具有旋律感的形式。

在搭配室内软装饰陈设时，应利用有规律的、连续变化的形式形成室内的节奏感和韵律感，以丰富室内空间的视觉效果。节奏与韵律的表现可以通过多变的造型、多样的色彩和动感强烈的灯光来实现。

三、室内软装设计的手法

（一）对比手法

在室内软装饰的设计手法中，对比手法可分为两种基本形式，即同时对比和间隔对比。而同时对比中比较常用的是色彩对比和肌理对比。

1. 同时对比

同时对比所占的平面面积或空间较小，而且相对比较集中，效果比较强烈，往往会由此形成视觉中心或者说是趣味中心。但要防止出现杂乱无章的视觉效果。

（1）色彩对比

在同时对比中，运用得比较多的是色彩对比。在软装饰设计中，设计师常常会对同一空间、同一平面或同一类物体，采用两种完全对应或基本对应的色彩，进行装饰。红与绿、橙与蓝、黄与紫、黄橙与紫蓝、黄绿与紫红、橙红与蓝绿都是具有补色关系的对应色彩，如果把它们放在同一个平面（墙面、地面）、同一个空间内或同一个物体上，会给人带来很强的视觉冲击，这就是色彩对比。

纯黑、纯白在色彩中不是补色关系，但是将这两种无彩色放在一起，也会产生强烈的对比效果，但这叫无彩色对比。将纯粹的红、黑、白三色放在一起，叫纯三色对比。把红、黄、蓝放在一起，也叫三色对比，这些色彩对比具有刺激性和引诱力，在一个空间或一个平面中往往最引人注意。

需要注意的是，在软装饰中进行色彩对比，所占色彩的面积必须相近，这样的空间才能比较协调、和谐。色彩基数的占有面积，存在一定的比例关系，其中红色是6，橙色是4，黄色是3，绿色是6，蓝色是8，紫色是9。在同一空间或同一个平面的两种色彩搭配中，为了使色彩在感觉上做到平衡，各自面积应符合上述比例关系。如红色与绿色并置，所占面积最好是1：1，因为它们的基数都是6；如蓝色与橙色并置，所占比例好是2：1，因为蓝色是8，橙色是4。

色彩对比一定要遵循颜色的比例，否则会产生零乱、生硬的感觉。

（2）肌理对比

肌理是指材料本身的肌体、形态和表面纹理。在现代室内软装饰设计中，设计师往往通过材料肌理与质地的对比、组合呈现个性化的、不同凡响的空间环境。比如，家居设计中，以木材和乱石墙装饰墙面，会产生粗犷的自然效果，而将木材与人工材料对比组合，则会使室内充满现代气息。这种做法有木地板与素混凝土的组合对比，也有石材与金属、玻璃的对比组合。毛石墙面近观很粗糙，远看则显得较平滑。石材相对粗糙与木橱窗内精致的展品又形成鲜明的对比。

2. 间隔对比

间隔对比是指两个对比元素的直线距长或空间距离较远。这种对比方式有利于对空间视觉中心起烘托作用，并使整体构图更加协调。在上海西区一幢建材企业的办公楼中，两个同样大小的会议室，一间用片石做壁面，另一间用大理石做壁面，前者粗糙有纹理，后者光滑无纹理，这叫肌理对比。从整座办公楼来看，它们还是协调的，但它们利用材料表面的粗糙、光滑形成不同的凹凸关系，给参观者带来不同的视觉感受，便于参观者对这些建材进行鉴赏。

（二）均衡手法

均衡是对称关系中的不完全对称形式，指对应双方等量而不等形，它是以心理感受为依据的不规则、有变化的知觉平衡，知觉平衡是指形态的各种造型要素（如形、色、肌理等）和物理量感给人的综合感觉。

均衡的构图表面看起来无规律可循，却有着内在的平衡。就像秤杆一样，视觉上两边不一样大，但重量上是平衡的。然而，物理的均衡和视觉的均衡是不一样的，物理的均衡需要通过计算得到，而视觉均衡只凭感觉达到的心理上的平衡。

在室内软装饰设计中，要想使一幅画面达到均衡，就需要调整画面中各种形状的大小、粗细、聚散，色彩的明暗、冷暖，位置的上下、左右，方向的不同朝向，重心的沉稳与飘浮等，要反复地比较、相互参照才能达到均衡。

决定视觉上均衡的要素很多也很复杂，但主要还是重量和方向这两个因素。

在室内软装设计中，视觉均衡的重量方面主要有如下几点规律：

第一，在视觉上，形态复杂的比形态简单的重量要重。因此一个较小的复杂的形态可以平衡一个较大的简单的形态。

第二，形态面积越大，在视觉上的重量就越重，也更加吸引人，更加引人注目。平衡一个较大的图形，需要两三个较小的图形。

第三，在色彩的冷暖方面，暖色比冷色在视觉上更重，所以一个较小的暖色形态可以平衡一个较大的冷色形态。

第四，在色彩的冷暖方面，色彩明度低的比色彩明度高的更重。

第五，在色彩的纯度上，纯度高的比纯度低的显得重。

（三）呼应手法

在室内软装饰设计中，顶棚与地面、墙面、桌面或与其他部位，都可采用呼应的手法。呼应属于均衡的形式美，有的是在色彩上、有的在形体上、有的在构图上，有的则在虚实上、气势上起到呼应。

（四）简洁手法

简洁是现代建筑设计师特别推崇的一种表现手法，"少就是多，简洁就是丰富"便是简洁手法的设计观念。

简洁不是简单。简单有可能是贫乏或单薄，简洁则是一种审美的要求，它是现代人崇尚精神自由的一种体现。在室内软装饰设计中，简洁强调"少而精"，要求在室内环境中没有华丽的装饰和多余的附加物，把室内装饰减少到最小的程度，用干净、利落的线条、色彩和几何构图，构筑出令人赏心悦目、具有现代感的空间造型。

第五章　室内设计系统的要素

第一节　空间设计要素

一、空间的概念

空间是物质存在的一种客观形式，用长度、宽度和高度表示，是物质存在的广延性和伸张性的表现。

与人有关的空间有自然空间和人工空间两大类。自然空间如自然界的山谷、沙漠、草地等。人工空间是人们为了达到某种目的而创造的空间，这类空间是由界面围合的，底下的称"底界面"，顶部的称"顶界面"，周围的称"侧界面"。根据有无顶界面，人们又把人工空间分为两种：无顶界面的称为室外空间，如广场、庭院等；有顶界面的称为室内空间，如厅、堂、室等，有顶界面也包括无侧界面的亭子、廊等。室内空间相对于自然空间而言，是人类有序生活的必需品。其外部和大自然发生关系，如天空、阳光、山水、树木花草；内部主要和人工因素发生关系，如地面、家具、灯光、陈设等。

室内环境是反映人类物质生活和精神生活的一面镜子，是生活创造的舞台。人的本质趋向于有选择地对待现实，并按照他们自己的思想、愿望加以改造和调整。不同时代的生活方式，对室内空间设计提出了不同的要求，使得室内空间的发展变得永无止境，并在空间的量和质方面充分体现出来。但是，物质和精神需要，都受到当时社会生产力、科学技术水平和经济文化等方面的制约。随着社会发展人们提出不同的要求，空间随着时间的变化也相应发生改变，这是一个相互影响的动态过程。因此，室内空间的内涵也不是一成不变的，而是在不断地补充、创新和完善。

人们的日常生活总是占有一定空间，起居、交往、工作、学习等，都需要一个适合的室内空间。因此，室内空间不但反映人们的生活活动和社会特征，还制约人和社会的各种活动；它不但表现人类的文明和进步，而且影响着人类的文明和进步，制约着社会的观念和行为。不同的时代、民族、地域的物质生活方式必将在室内空间上得到反映；人们在各种活动中所寻求的精神需求、审美理想也会在室内空间艺术中得到满足。这也正是展现室内空间文化价值的必然前提。

室内空间是室内设计的基础，空间处理是室内设计的主要内容。室内是与人最接近的空间环境。人在室内活动，因此室内空间周围存在的一切与人息息相关，其形状、大小、比例、开敞与封闭等，直接影响室内环境的质量与人们的生活质量。室外是无限的，室内是有限的。相对来说，室内空间对人的视角、视距、方位等方面都有一定的影响。由空间采光、照明、色彩、装修、家具、陈设等多种不同特质因素综合形成的室内空间，具有比室外空间更强的承受力和感受力，从而影响人的生理、精神状态。

二、空间的构成

从空间限定的概念出发，室内设计的实际意义就是研究各类环境中静态实体、动态虚形，以及它们之间关系的功能与审美问题。

（一）空间的构成元素

点、线、面、光、色、质在几何与物理学上是纯粹抽象的概念，而当置于不同的研究领域，这些概念的内涵与外延也发生相应改变。抽象的空间要素——点、线、面、体，在室内设计的主要实体建筑中，表现为客观存在的限定要素。室内空间组织设计就是充分运用点、线、面、体等空间基本构成要素，来构筑和限定空间，对室内外空间环境进行组织、调整和再创造。

以一个抽象正方体的空间构成为例，其角端为点，角的边棱为线，线框定的部分是面，面围合的范围即空间。借此推演，在现实的存在空间里，角是点的象征，线是空间界面的边缘，面则为空间的围合体。值得注意的是，这时的点、线、面已通过光、色、质进行了物化的空间形态的转换，即由空间的抽象形态转化成了空间的物质形态。这种转换的意义在于两个方面：一是点、线、面、光、色、质在构造意义上得到了真正的融合和升华，各自成为空间构成的物质元素；二是在逻辑推演上，为空间构成元素的研究提供了独立与整合分析的基础。

（二）空间的构成形态

由空间限定要素构成的建筑，表现为存在的物质实体和虚无空间两种形态。从室内设计的角度出发，建筑界面内外的虚实都具有设计上的意义。由建筑界面围合的内部虚空恰恰是室内设计的主要内容。限定要素之间的"无"比限定要素的本体"有"更具实在的价值。

综合其特性，可将空间的构成归纳为两种形态：①以建筑框架为依据，进行室内空间的实质性围合的实形空间。实形空间多以面型、线面结合型的方式构成，具有明确的区域使用属性，功能也较专一，空间具有私密性、独立性、封闭性等特点。②以建筑框架为依据，进行室内空间的虚质性围合的虚形空间。虚形空间多由屏风、隔断、装饰柱、梁、平面凹凸、家具陈设等分隔而成，没有明确的区域使用功能，空间具有透明性、公共性、开敞性等特点。

三、室内空间的类型

室内空间的构成类型可从空间的构成形式、形状、形态、功能、风格等方面进行区分，不同的分类角度会产生不同的构成类型。

（一）按空间的形成过程分

1. 固定空间
固定空间是由墙、柱、楼板或屋盖围合成的空间，空间的形状、尺度、位置等往往是不能改变的，空间的功能明确，界面固定。

2. 可变空间

可变空间是在固定空间内用隔墙、隔断、家具、陈设等划分出来的空间。可变空间可根据不同使用功能的需要改变自身空间形式。

（二）从空间态势上分

1. 静态空间

静态空间，即在空间构造状态上，通过饰面、景物、陈设营造的静态环境空间。一般情况下，静态空间比较稳定，室内陈设的空间分隔趋向对称、均衡，多为尽端空间。室内以柔和、淡雅、简洁为基调，空间比较封闭，构成比较单一，视觉常被引导在一个方位或一个点上，空间清晰明确、一目了然。

2. 动态空间

动态空间，即在空间构造状态上，通过饰面、景物、陈设营造的动态环境空间。动态空间的设计基调热烈且刺激性强，室内墙面可采用对比强烈的图案（或色块）和有动感的线、面型进行组合；空间的分割宜灵活处理、序列多变；室内陈设除了可以引进一些具有动感的自然景物外，还可利用一些机电类装置营造丰富多彩的空间动势。

动态空间具有如下特征：①界面围合不完整，某一侧界面具有开洞或启闭的形态；②外向性强，限定度弱，具有与自然和周围环境交流渗透的特点；③利用自然、物理和人为的诸种要素，造成空间与时间结合的"四维空间"；④界面形体对比变化，图案线型动感强烈。

（三）从空间形状上分

1. 凹凸空间

凹凸空间，即在空间构造形状上，通过空间内部表面起伏形成外凸或内凹的空间。这类空间一般在水平方向设置悬板，或利用地面下沉，或在垂直方向以外凸和内凹的形式来构造空间。设计时讲究分割的合理、造型的美观、视线和心理需求的趣味适度。

2. 流动空间

流动空间，即在空间构造形状上，利用空间内部线、面、形的方向暗示形成流动的空间。流动空间在区域的界定上明确，但各部分空间之间具有一定的导向性，即通过高低错落等造型手段，使人感觉处于一种连续运动的空间状态。设计时往往借助流畅而富有导向的线、面、形来构造。

（四）从空间开敞程度上分

1. 开敞空间

开敞空间，即在空间构造形式上，通过构造方式营造室内外能够相互交融的空间。开敞空间一般用作室内外的过渡空间，有一定的流动性和趣味性。在空间感上，开敞空间是流动的、渗透的。在心理效果上，开敞空间常表现为开朗的、活跃的；在景观关系和空间性质上，开敞空间是收纳性的、开放性的。多以线型为主，强调与周围环境的交流、渗透，讲究对景、移景与借景，强调与周围环境的融合。

开敞空间和封闭空间也有程度上的区别，如介于两者之间的还有半开敞和半封闭空间。它取决于房间的使用性质和周围环境的关系。

2. 封闭空间

封闭空间，即在空间构造形式上，通过构造方式营造相对独立的空间。封闭空间具有私密性强、安全、可靠等特点。在空间感上，封闭空间是静止的、凝滞的，有利于隔绝外来的各种干扰；在心理效果上，封闭空间常表现为严肃的、安静的或沉闷的，但富于安全感；在景观关系和空间性质上，封闭空间是拒绝性的。为缓和其单调、闭塞，可借助灯、窗、镜面、隔断来扩大空间的视觉范围，加强空间的层次感。

（五）从空间功能区别上分

1. 交错空间

交错空间，即在空间构造功能上，通过多个功能空间的相互交错而营造的公共活动空间。现代空间设计往往在空间条件许可的基础上，打破传统的盒式空间构造形式，在水平方向采用垂直围护的交错配置的形式，在垂直方向采用上下错开对位的形式，营造多功能互错的使用空间。

2. 共享空间

共享空间，即在空间构造功能上，通过景物陈设、小空间的营造而形成多功能重复使用的公共活动空间。共享空间一般适用于公共场所。这类空间保持着区域界定的灵活性，多采用线、面型分割同一大范围空间，使其小中有大，大中有小，内外交融，互相共享。

（六）从空间限定的程度上分

1. 实体空间

空间限定明确，有较强独立性的空间，称为实体空间。

2. 虚拟空间

虚拟空间是指在界定的空间内，通过界面的局部变化而再次限定的空间。如局部升高或降低地坪、天棚的标高，或以不同材质、色彩的平面变化来限定空间等。

虚拟流动空间具有如下特征：①不以界面围合作为限定要素，依靠形体的启示、视觉的联想与"视觉完形性"来划定空间；②以象征性的分隔使视野通透、交通无阻隔，保持最大限度交融与连续的空间；③极富流动感的方向引导性空间线型；④借助室内部件及装饰要素形成的"心理空间"。

（七）从空间的风格类别分

1. 结构空间

结构空间，即在空间构造风格上，利用几何原理构成的空间。这类空间将合理的结构与美学意义上的再生结构融为一体，比之烦琐和虚假的装饰，本身就有独特的结构魅力，具有更强的视觉冲击力。

2. 迷幻空间

迷幻空间，即在空间构造风格上，通过结构形式、材料肌理、光感效应等因素营造的幻觉空间。迷幻空间以追求神秘、幽深、新奇、动荡、变幻莫测、光怪陆离的空间效果为原则，在设计时往往背离空间的原型，进行逆反正常视觉经验的空间改造，使人处于一种新奇怪诞、错觉频生的兴奋状态。

（八）从局部地面的标高变化分

1. 下沉式空间

室内地面局部下沉，在统一的室内空间中就产生了一个界限明确、富有变化的独立空间。由于下沉地面标高比周围的要低，因此有一种隐蔽感、保护感和宁静感，从而营造出具有一定私密性的小天地。人们在其中休息、交谈会感觉很舒服；在其中工作、学习也较少受到干扰。随着视点的降低，空间感觉增大。根据具体条件和不同要求，可以有不同的下降高度，少则一二阶，多则四五阶，但一般来说高差不宜过大。

2. 地台式空间

与下沉式空间相反，地台式空间是将室内地面局部升高，在室内产生一个边界十分明确的空间。其功能、作用和下沉式空间相反，由于地面升高形成一个台座，和周围空间相比变得十分醒目突出，因此适用于惹人注目的展示、陈列或眺望。许多商店常将最新产品布置地台式空间，使人们一进店堂就能看见，很好地发挥了宣传商品的作用。

四、空间的构成技巧

空间的分隔是营造空间类型的基本手段。从分隔的方向而言，可划分为垂直型空间分隔和水平型空间分隔；从分隔的自身性质而言，有完全分隔和部分分隔、象征性分隔和弹性分隔的区别。但不管何种形式的分隔，均应根据空间的使用功能，在空间序列的合理与视觉心态满足的基础上进行。

（一）利用建筑结构营造空间

建筑结构包括土、木、钢梁及柱头、楼梯等。进行空间分隔时，应充分利用这些原有的建筑因素进行巧妙的设计，使之合理地成为空间整体的一部分。

（二）利用装饰结构营造空间

装饰结构主要起美化空间的作用，使空间趋于象征意义上的构成，从而提高视觉欣赏及审美的层次。设计时，要注意空间的整体协调，避免生搬硬套。

（三）利用不同隔断营造空间

由于构造隔断的材料与形式很多，主要依据使用的情形和环境的需求来确定，若使用得当，会让人感觉空间范围扩大，丰富视觉层次。

（四）利用家具陈设营造空间

家具的合理陈设，既能增强空间的使用功能，又能增添空间的趣味性能。值得注意的是，这类空间的营造往往要求家具和空间构造同步考虑，使之与空间成为一个和谐的整体。

（五）利用不同材质来营造空间

利用不同的材质来区分空间区域，既能从心理上营造不同的空间氛围，又能在视觉上满足不同空间区别连续欣赏的需求。构造这类空间时，要保证区域之间的材料搭配要和空间风格和谐统一。

（六）利用颜色差营造空间

不同的颜色既能调节空间的氛围和空间性格，又能增强空间的领域感，达到区分同一空间内不同区域的效果，是营造空间时常用的手段。

（七）利用照明光差营造空间

灯光照明是营造空间的一种独特形式，能使视觉凝聚于某一空间，或滞延视觉的感应，从而起到分隔空间的作用。这类空间的构造，应把光照范围与光照强度综合起来考虑。不同的光源强度和光照形式所产生的空间视觉感应也不一样。这种似无胜有的空间营造形式是构造室内空间的独特手段。

（八）利用自然景物营造空间

水体、绿化等自然景物常用来点缀和构造室内空间，具有返璞归真的审美倾向和清新、亲切的感觉。设计时，应尽量根据空间的地形进行合理的分布，并根据使用功能的需求进行适度的点缀。

（九）利用综合手段营造空间

当采用单一的手法不能达到预期的空间构想时，往往利用多种手法来进行，使其更丰富、更具内涵。值得注意的是，尽管前面提及的空间构造形式有可能存在相互交叉的情况，但其空间特性仍然是以某一形式为主导。而采用综合手段营造的空间，则由两种或几种空间构造形式共同支配整个空间氛围的形成。

五、室内空间功能和空间构成的功能关系

（一）室内空间功能

空间的功能包括物质功能和精神功能。物质功能包括使用上的要求，如空间的面积、大小、形状，适合的家具、设备布置，合理的空间功能，方便的交通组织和疏散、消防、安全措施，以及科学地创造良好的采光、照明、通风、隔声、隔热等条件的物理环境等。

精神功能是在物质功能的基础上，在满足物质需求的同时，从人的文化、心理需求（如人的不同爱好、愿望、意志、审美情趣、民族文化、民族象征、民族风格等）出发，并能充分体现在空间形式的处理和空间形象的塑造上，使人获得精神上的满足和美的享受。

由于审美观念的差别，建筑空间形象的美感往往难以一致，而且审美观念就每个人来说也是不断变化的，要确立统一的标准是很困难的，但这并不能否定建筑形象美的一般规律。建筑美，不论其内部或外部均可概括为形式美和意境美两个主要方面。

空间的形式美的规律，即平常所说的构图原则或构图规律，有统一与变化、对比与微差、韵律与节奏、比例与尺度、均衡与重点、比拟和联想等。由于人的审美观念的变化，这些规律也在不断得到补充、调整，以至产生新的构图规律。

所谓意境美，就是要表现特定场合下的特殊性格，也可称为建筑个性或建筑性格，是室内设计创作的主要任务。如太和殿的威严，朗香教堂的神秘，流水别墅的幽雅，都表现了建筑的性格特点，具有感染强烈的意境效果，是空间艺术表现的典范。要想意境创造抓住人心，就要了解和掌握人的心理状态和心理活动规律。此外，还可以通过人的行为模式来分析人的不同心理特点。在创造意境美时，还应注意时代的、民族的、地方的风格的表现。

（二）空间构成的功能关系

空间构成的外在促成因素取决于功能的定性。什么样的用途空间构成什么样的使用空间，这是室内空间构造的基本前提。室内空间构成，一般围绕人的活动与空间的关系来进行，即在确定空间功能属性后，依据人的活动与空间的关系确定空间的组成关系、主从关系、动静关系等空间构成因素。

1. 组成关系

划分多个有机联系的职能空间，将其整合成一个系统功能空间，即为空间的组成关系。这种关系的确定是空间功能定性的深化环节，直接作用于空间区域的分配框架和组织形式的形成。以某个定性为商业用途的公司空间为例，其定性的深化与延伸可划分为经理室、业务室、会议室、财务室、文秘室、技术服务室和生产管理室等多个相互关联、有机的职能空间。而餐饮类的职能空间组成或住宅类居室的职能空间组成，又因经营性质的不同或使用空间的属性不同，存在着组成关系上的区别。

2. 主从关系

在进行职能空间分隔时，充分考虑主要活动空间和从属活动空间的关系，有利于把握空间区域和从属活动空间的关系；有利于把握空间区域的大小和方位、主次与次序的统筹安排。正常情况下，从属活动空间设计安排应该围绕主要活动空间的需要和流通的便捷来进行。

3. 动静关系

对空间功能的动静性质的分析与掌握，有利于对主从关系空间进行合理的调配，并进一步从构造形式上给予考虑和选择。通常情况下，隔离流动的、噪声大的空间与静止的、噪声小的空间，隔离公共性空间与机密性空间。如因条件所限或使用功能相近不易区分，则应在构造形式上采取相应措施或进行必要的技术处理。

4. 容量关系

容量关系的分析是调整空间容量与流通的重要手段，包括单位空间容量、整体空间容量、序列空间容量三个方面的内容。单位空间容量是指人在同一空间完成单个动作所需要的空间容量；整体空间容量是指人同时在同一空间完成几个动作所需要的复合空间容量；序列空间容量是指人在几个不同空间完成一个动作或几个动作所需过渡或交叉使用的流通空间容量。

六、空间的分隔和组合

（一）分隔方式概述

大量的室内空间或因结构的需要，或因功能的要求，需要设置一定的列柱和各种不同的空间形式，这就需要从不同程度上把原来的空间分隔成若干个部分。

室内设计的首要问题无疑是空间的组织问题。从某种意义上讲，室内空间的组合是根据不同使用目的，对空间在垂直和水平方向进行各种各样的分隔和联系，通过不同的分隔和联系方式，为人们提供良好的空间环境，满足不同的活动需要，使其达到物质功能与精神功能的统一。采用何种分隔方式，既要考虑空间特点和功能要求，还需考虑人的审美和心理需求。近年来，随着物质材料的多样化，立体的、平面的、相互穿插的装饰形式的不断出现，现代室内设计中，空间的分隔主要体现在光环境、色彩、声与材质上。光影、明暗、虚实、陈设的简繁以及空间处理的变化等，都能产生形态各异的空间分隔形式。

根据分隔与联系程度的不同，可以将空间归纳为下列几种分隔方式。

1. 绝对分隔

以限定度高的实体界面分隔空间，称为绝对分隔。实体界面主要由到顶的承重墙、轻质隔墙、活动隔断等组成。绝对分隔是封闭性的，分隔出的空间，界限非常明确，限定度高，隔离视线，隔声良好，温、湿度稳定，具有很强抗干扰的能力，可以满足安静、私密的功能需求。但这种分隔形式与周围环境交流较少，过于封闭，缺乏流动性。

2. 局部分隔

以限定度低的局部界面分隔空间，称为相对分隔。局部界面主要由不到顶的隔墙、翼墙、屏风、较高的家具等组成。局部分隔具有一定的流动性，其限定度的强弱因界面的大小、材质、形态而异，分隔出的空间，界限不太明确。局部分隔的形式有四种：即一字形垂直面分隔、L 形垂直面分隔、U 形垂直面分隔、平行垂直面分隔等。

3.弹性分隔

有些空间是用活动隔断（折叠式、推拉式、升降式）分隔的，被分隔的部分可视需要各自独立，也可以根据需要重新组合成大空间。弹性分隔目的是增强空间的灵活性。

4.象征性分隔

非实体界面分隔的空间，称为象征性分隔。非实体界面是由栏杆、罩、花格、构架、玻璃等通透的隔断以及家具、绿化、水体、色彩、材质、光线、高低差、音响、气味、悬垂物等因素组成的。这是一种限定度很低的分隔方式，空间界面虚拟模糊，通过人的"视觉完形性"来联想感知，具有意象性的心理效应。其空间划分隔而不断，通透深邃，层次丰富，意境深远，流动性极强。

（二）空间分隔的具体手法

空间分隔可分为固定式和活动式。按分隔程度的不同有实隔、虚隔、半实半虚隔。一般可以采用以下几种分隔方式。

1.利用建筑结构与装饰构架分隔空间

利用建筑本身的结构和内部空间的装饰构架进行分隔，具有力度感、工艺感、安全感，结构架以简练的点、线要素组成通透的虚拟界面。

2.隔断与家具分隔空间

利用隔断和家具进行分隔，具有很强的领域感，容易形成空间的围合中心。隔断以垂直面的分隔为主，家具以水平面的分隔为主。

3.光色与质感分隔空间

利用色相的明度和纯度变化、材质的粗糙平滑对比、照明的配光形式加以区分，达到分隔空间的目的。

4.利用界面凸凹与高低分隔空间

利用界面凸凹和高低的变化进行分隔，具有较强的展示性，使空间具有戏剧性情调，达到活跃与乐趣并存。

5.利用陈设与装饰分隔空间

利用陈设和装饰进行分隔，具有较强的向心感，空间充实，层次变化丰富，容易形成视觉中心。

6. 利用水体与绿化分隔空间

利用水体和绿化进行分隔，具有美化和扩大空间的效果；充满生机的装饰性，可以使人亲近自然的心理得到很大的满足。

（三）空间组合

多个空间相组合，涉及空间的过渡、衔接、对比、统一等，必要时还要构成一个完整的序列。多个空间的组合，可能出现千万个不同的形体，但从类型上看，不外乎以下几种：①包容性组合。以二次限定的手法，使一个大空间中包容另一个小空间。②邻接性组合。两个不同形态的空间以对接的方式进行组合。③穿插性组合。以交错嵌入的方式进行组合的空间。④过渡性组合。以空间界面交融渗透的限定方式进行组合。⑤综合性组合。综合自然及内外空间要素，以灵活通透的流动性空间处理进行组合。

七、空间的序列

室内设计是一门时空连续的四维表现艺术。在室内设计中，空间实体主要是建筑的界面，界面的效果是人在空间的流动中形成的不同视觉观感。

在这种时间顺序中，人们可以不断地感受建筑空间实体与虚形在造型、色彩、样式、尺度、比例等多方面信息的刺激，从而产生不同的空间体验。人在行动中连续变换视角，这种在时间上的延续移位就给传统的三维空间增添了新的度量，于是时间在这里成为第四度空间。

在室内设计中常常提到空间序列的概念。所谓空间序列，是指将空间的各种形态与人们活动的功能要求，按先后顺序有机地结合起来，组成一个有秩序、有变化的完整空间群体。

空间序列在客观上表现为空间以不同尺度与样式连续排列的形态。组织空间序列，就是沿着主要人流路线逐一展开空间。在展开过程中，要注意空间序列的开始、高潮和结束，就像一首乐曲一样，要有起伏、有高潮，有开始、有结束，使人在心理上和生理上产生时而平静、时而起伏、婉转悠扬、既协调又鲜明的节奏，从而达到情绪和精神上的共鸣。因而，人在空间活动中的精神状态是空间序列要考虑的基本因素，空间的艺术章法是空间序列设计的主要内容。

（一）序列的全过程

序列的全过程一般可以分为起始阶段、过渡阶段、高潮阶段和终结阶段。

1. 起始阶段

这个阶段为序列的开端，开端的第一印象在任何时间艺术中都被予以充分重视。一般来说，足够的吸引力和良好的第一印象是起始阶段的核心问题。

2. 过渡阶段

它既是起始后的承接阶段，又是高潮阶段的前奏，在序列中起到承前启后、继往开来的作用，是序列中关键的一环。特别是在长序列中，过渡阶段可以表现出若干不同层次和细微的变化。由于它紧接着高潮阶段，因此它所具有的引导、启示、酝酿、期待的作用，是该阶段需要考虑的主要因素。

3. 高潮阶段

高潮阶段是全序列的中心，从某种意义上说，其他各个阶段都是为高潮阶段服务的。因此，它常是精华和目的所在，也是序列艺术的最高体现。高潮阶段的设计，需要充分考虑期待后的心理满足，激发情绪达到顶峰。

4. 终结阶段

由高潮回归平静以恢复正常状态是终结阶段的主要任务。它虽然没有高潮阶段那么重要，但也是序列中必不可少的组成部分。好的结束又似余音绕梁，有利于对高潮产生追思和联想，耐人寻味。

（二）不同类型建筑对序列的要求

不同性质的建筑有不同的空间序列布局，不同的空间序列艺术手法有不同的序列设计章法。因此，在丰富多样的现实活动中，空间序列设计绝不会完全如上述序列那样。有时突破常理反而能获得意想不到的效果，这也是一切艺术创作的规律。因此，在熟悉、掌握空间序列设计的普遍性的前提下，在创作时应充分注意不同情况下的特殊性。

一般说来，影响空间序列的关键因素有以下几个。

1. 序列长短的选择

序列的长短反映高潮出现的快慢。由于高潮的出现意味着序列全过程即将结束，因此，对于有充裕时间进行观赏游览的建筑空间，为迎合游客尽兴而归的心理愿望，应将建筑空间序列适当拉长。

长序列：高潮阶段出现晚，层次必须增多，通过时空效应对人心理的影响必然更加深刻。这样的设计往往运用于需要强调高潮的重要性、宏伟性与高贵性的建筑，如北京故宫、毛主席纪念堂等。

短序列：强调效率、速度、节约时间、一目了然。如各种交通客站，它的室内布置应该一目了然，层次愈少愈好，通过的时间愈短愈好，以免使旅客因找不到办理手续的地点和迂回曲折的出入口而造成心理紧张。

2. 序列布局类型的选择

采取何种序列布局，取决于建筑的性质、规模、地形环境等因素。一般可分为对称式和不对称式、规则式和自由式。空间序列线路，一般可分为直线式、曲线式、循环式、迂回式、盘旋式、立交式等。我国传统宫廷寺庙以规则式和曲线式居多，而园林别墅以自由式和迂回式居多，这对建筑性质的表达很有作用。现代许多规模宏大的集合式空间，其丰富的空间层次常采用循环式和立交式的序列线路。

3. 高潮的选择

能反映建筑性质特征的集中一切精华所在的主体空间，通常是高潮的所在，是整个建筑的中心和参观者所向往的目的地。根据建筑的性质和规模不同，高潮出现的次数和位置也应有所不同。多功能、综合性、规模较大的建筑，具有形成多中心、多高潮的可能性。即便如此，高潮也有主从之分，整个序列似起伏的波浪，从中可以找出最高的波峰。根据正常的空间序列，高潮的位置总是偏后。

在以吸引、招揽顾客为目的的公共建筑中，要求高潮的布置不宜过于隐蔽，一般选择全建筑中最引人注目和引人入胜的精华所在，以此显示该建筑的规模、标准和舒适程度。可以布置于接近建筑的入口和建筑的中心位置。这种在短时间出现高潮的序列布置，因为序列短，没有或很少有预示性的过渡阶段，使人由于缺乏思想准备，而引起出其不意的新奇感和惊叹感。这也是一般短序列章法的特点。由此可见，不论采取何种序列章法，总和建筑的目的性是一致的，也只有建立在客观需要基础上的空间序列艺术，才能显示其强大的生命力。

（三）空间序列的设计手法

良好的空间序列设计，似一部完整的乐章，又似一首动人的诗篇。空间序列和写文章一样，有起、承、转、合；和乐曲一样，有主题，有起伏，有高潮，有结束。良好的空间序列通过建筑空间的连续性和整体性给人以强烈的印象、深刻的记忆和美的享受。

但是良好的序列章法还要通过每个局部空间的装修、色彩、陈设、照明等一系列艺术手段的创造来实现。因此，研究与序列有关的空间构图就成为十分重要的问题。一般应注意下列几方面。

1. 空间的导向性

指导人们行动方向的建筑处理，称为空间的导向性。良好的交通路线设计，不需要指路标和文字说明牌，而是用建筑的空间结构传递信息，与人对话。许多连续排列的物体，如列柱、连续的柜台以及装饰灯具与绿化组合等，容易吸引人们的注意力，使人不自觉地随之行动。有时也利用带有方向性的色彩、线条，结合地面和顶棚等的装饰处理，来暗示或强调人们行动的方向。

2. 视觉中心

在一定范围内引起人们注意的目的物被称为视觉中心。空间的导向性有时也只能在有限的条件内设置，因此在整个序列设计的过程中，有时必须在关键部位设置可以引起人们特别注意的物体，以吸引人们的视线，激发人们向往的欲望，控制空间距离。

视觉中心的设置一般是以具有强烈装饰趣味的物件作为标志，既有欣赏的价值，又在空间上起到一定的注视和引导作用。一般多在交通的入口处、转折点和容易迷失方向的关键部位设置。

3. 空间构图的对比与统一

空间序列的全过程，就是一系列相互联系的空间过渡。不同序列阶段在空间处理上应各有不同，以营造不同的空间气氛，但又要彼此联系、前后衔接，形成有章法的统一体。应按照总的序列格局来处理前后空间的关系。一般来说，在高潮阶段出现以前，一切空间过渡的形式应有所区别，但在本质上应基本一致，以强调共性和统一的手法为主。紧接高潮前准备的过渡空间，往往就采取对比的手法，诸如先收后放、先抑后扬、欲明先暗等，以强调和突出高潮阶段的到来。

八、室内空间形象与尺度

空间形象与尺度系统是室内设计审美系统的主要组成部分。室内空间形象是空间形态通过人的感觉器官作用于大脑所反映的结果。界面围合的空间样式，围合空间中光照的来源、照度、颜色，界面本身的材质，围合空间所有的装饰陈设物，这些综合构成了空间的总体形象。平面布局中功能实体的合理距离，墙面顶棚装修材料的组合，装饰陈设用品的悬挂与摆放，都与尺度的比例有着密切的关系。

在空间形象与尺度系统中，尺度的概念包含了两方面的内容：①尺度的概念一方面是指室内空间中人的行为心理尺度因素。这种因素主要体现在与人的行为心理有直接联系的功能空间设计上。由于室内尺度是以人体尺度为模数的，人的活动受界面围合的影响，其尺度感受十分敏锐，从而形成以厘米为单位的度量体系。这种体系以满足功能需求为基本准则，同时影响内部空间中人的审美标准。②尺度的另一概念是指室内界面本身构造或装修的空间尺度比例。这个概念主要满足于空间立面构图的尺度比例标准，在空间形象审美上具有十分重要的意义。

第二节　构造设计要素

一、结构

任何建筑物都是由基础、柱、墙、梁、楼板、屋盖等结构构件组成的。

这些构件形成的建筑结构是房屋的骨架，是建筑物的承重体系，其作用是承受内、外部作用的荷载，并将其传给地基。建筑结构应是一个几何不变体，在荷载的作用下有足够的强度、稳定性以允许范围内的变形。

从露宿、穴居发展到木结构、土木结构，进而发展到砖石混合结构、钢筋混凝土框架结构，人类经过数千年的艰苦探索和实践，终于找到了自己文明的栖息场所。对于下一步的发展方向，国内外不少专家将眼光聚焦在钢结构上。如同雨后春笋般崛起的公共建筑、厂房、仓库等大跨度的空间建筑占据了我国偌大的钢结构市场，然而，我国住宅钢结构发展缓慢。

按结构所用材料分，建筑的结构类型可分为，砌体结构、混凝土结构、木结构、钢结构。砌体结构在房屋建筑中的应用历史悠久，材料以就地取材为多，砌筑方便，造价较低。但由于其自重大，施工相对较慢，并难以承受重大荷载，故多用于多层民用建筑。混凝土结构是指用混凝土现场浇筑或用混凝土预制构件拼装而成的结构，是目前应用最广泛的结构。木结构指全部或大部分用木材建造的结构，这种结构在我国的建筑史上更为悠久。钢结构是指用钢材通过焊接、高强螺栓、铆钉等连接制成的结构，主要用于超高层建筑、大跨建筑、重型工业建筑及一些特种建筑。

按结构受力特征分，建筑的结构类型可分为，砖混结构、框架结构、剪力墙结构、框架—剪力墙结构、筒体结构、大跨结构等。砖混结构是指竖向承重结构用砌体材料，水平承重结构用钢筋混凝土组成的结构。目前广泛应用于一般的多层建筑。框架结构是指由柱子、纵横梁和板组成的结构体系，目前多用于要求有较大空间的多层和高层建筑。剪力墙结构是指由纵、横向承重钢筋混凝土墙和楼盖组成的结构，多用于高层和超高层住宅、宾馆、办公楼等。框架—剪力墙结构是指框架与剪力墙结构的结合体，目前广泛应用于高层和超高层建筑。筒体结构是指用刚度很大、四周封闭的钢筋混凝土筒体或间距小的密柱和深梁组成的结构，多用于超高层建筑和特种建筑。大跨结构是指竖向承重结构为柱和墙体，屋盖用钢网架、悬索结构或混凝土薄壳、膜结构等的大跨结构。大跨结构的建筑往往中间没有柱子，而是通过网架等空间结构把荷重传到房屋四周的墙、柱上去，多适用于体育馆、航空港、火车站等公共建筑。

设计人员在设计建筑物的结构造型时，既要满足使用要求，又要选择那些在一定荷载作用下能保证强度、稳定和有限变形，且施工简便的结构形式。

作为室内设计人员、二次装修人员或者再装修的物业管理者，在了解、认识上述结构形式的同时，还应了解建筑结构荷载的形成和作用。

二、界面

界面围合是空间形象构成的主要方面。建筑中表现为实体的空间限定要素呈四种形态，即地面、柱与梁、墙面、顶棚。地面是建筑空间限定的基础要素，以存在的周界限定出一个空间。柱与梁是建筑空间虚拟的限定要素，它们的存在构成了通透的平面，限定出立体的虚空间。墙面是建筑空间存在的限定要素。顶棚是建筑空间终极的限定要素，构成了建筑完整的防护和隐蔽性能，使建筑空间成为真正意义上的室内。

这些限定空间的面称为界面。界面有形状、比例、尺度和式样的变化，这些变化决定了建筑内外空间的功能与风格，使建筑内外的环境呈现不同的氛围。

三、门窗

门窗是建筑中必不可少的构成元素。作为建筑艺术造型的重要因素，门窗设置显著地影响着建筑物的形象特征。建筑外立面的门窗，特别是高层建筑的外窗，其制品规格形式、框料和玻璃的色彩与质感，经过不同的方式组合之后所构成的平面或立体图案，以及它们的视觉组合特性同建筑外墙饰面相配合而产生的视觉效果，十分强烈地展示着建筑设计的艺术风格。同时，作为建筑维护结构与构造的可启闭部分，门窗对建筑物的采光、通风、保温、节能和使用安全等诸多方面具有重要意义。所以，门窗的造型、色彩、材质对整个建筑物有十分重要的作用。另外，门窗构造也是建筑节能、防火、隔声、安保等必须考虑的问题。

以前，我国的建筑大多采用木门窗和老式钢门窗。木门窗易因气候影响发生干湿变形，出现翘曲、开闭不灵、开裂脱榫等问题，严重影响其使用功能。钢门窗则易因受潮而出现锈蚀、脱皮、关闭不严等问题。

近年来，随着现代科技的发展，新观念的产生，新材料的不断运用，人们对居住水平的要求不断提高，工业建筑对采光、防尘、节能等功能要求也不断提高，因此，要求门窗应具有变形小、重量轻、强度高、密封性能好、色彩美观、不易腐朽、不易变色等性能。随着我国新型建筑材料的蓬勃发展，为改进门窗的材料、构造、做法提供了先决条件，在门窗的材料、使用功能、建筑造型方面都有了较大的变化与发展，许多原本必不可少的构成元素被简化甚至省略。塑料门窗、塑钢门窗、铝合金门窗、彩色钢板门窗等新材料正在逐渐取代木门窗和钢门窗。

（一）门窗的概念及功能

门窗是建筑维护面的重要组成部分。门是建筑物出入口的可开关的构件，是分割有限空间的一种实体，是连接和阻断两个或多个空间的出入口；窗是建筑物上的通风、采光装置，其最直接的功能是采光和通风。

在现代建筑中，由于不断运用新材料、新技术，使得门窗的概念得以扩展，门窗的功能也得以扩大。门不再局限于界定的功能，它还具有标识、美化、防护、防盗、隔音、保温、隔热等功能；窗的功能不再停留于通风、采光，它还具有隔音、防火、防盗甚至防爆、抗冲击波等功能。门窗以新的概念、新的内容、新的形式、新的技术适应着现代社会生活的种种需要。

对于外立面来说，如何选择门窗的位置、大小、线型分格和造型是非常重要的。另外，门窗的材料，五金的造型，窗帘的质地、颜色、式样，也对室内装饰起关键作用。

（二）门窗的设计要求

在常规功能要求下，窗的设计要考虑采光面积比例，使建筑物得到充分的自然采光，并创造舒适的室内环境。门的设计，首先，要满足人进出方便，门的数量、位置、大小及开启方向等，要根据设计规范和人流量考虑，保证通行流畅，符合安全的要求；其次，建筑立面的门，要注意与建筑的比例、尺度协调，以符合人的心理感受和视觉感受。现代高层建筑垂直界面体量加大，对门的设计有了新的要求，设计时，应将门的尺度加大，使其与建筑本体尺度和谐。在一般建筑中，门窗的材料、尺寸、功能和质量等应符合国家建筑门窗产品综合标准的规定。

门窗的设计要符合以下几点要求：外门应开启方便；手动开启的大门应有制动装置，推拉门应有防脱轨的措施；双面弹簧门应在可视高度部分装透明玻璃；旋转门、电动门和大型门邻近应另设普通门；开向疏散走道及楼梯间的门在开足时，不应影响走道及楼梯平台的疏散宽度；窗扇应方便使用、安全和易于清洁；高层建筑应采用推拉窗，如采用外开窗，则须有牢固窗扇的措施；开向公共走道的窗扇，其地面高度不低于 2 米；窗台低于 0.8 米时，应采取防护措施；在现代的建筑门窗设计中，应尽量减少门洞、窗洞的规格和门窗的类型，要考虑门的标准化和互换性，同时为工厂制作创造有利条件。

（三）门窗的类型

按其构造和开闭形式，门窗可分为：平开门（窗）、推拉门（窗）、旋转门（窗）、折叠门、弹簧门等。

按材料不同，门窗可分为：木门（窗）、铝合金门（窗）、塑料门（窗）、彩板门（窗）等。

按其功能划分，门窗可分为：隔声门（窗）、防火门（窗）、冷藏门（窗）、保温门（窗）、屏蔽门（窗）、放射线门（窗）等。

按构造形式划分，常用的装饰门可分为：夹板门、拼板门、镶板门、实拼门、镶玻璃门、玻璃门、格栅门、百叶门、带纱扇门、连窗门等。

门窗的装修设计包括外形设计和构造设计两部分，不同材料和不同开启方式的门窗的构造方法是不相同的。

四、楼梯

楼梯是楼房建筑中的垂直交通设施，供人们在正常情况下垂直交通、搬运家具和在紧急状态下安全疏散。建筑中的垂直交通设施除了楼梯之外，还有电梯、自动扶梯、台阶、坡道及爬梯等。电梯用于七层以上的多层建筑、高层建筑以及标准较高的七层以下的低多层建筑；自动扶梯用于人流量大的公共建筑。一般建筑中，当采用其他形式的垂直交通设施时，还需设置楼梯。楼梯在楼房建筑中使用最为广泛，因此必须按设计规范进行设计。

（一）楼梯的组成

楼梯一般由楼梯段、楼梯平台、栏杆（栏板）和扶手等几部分组成。它所处的空间称楼梯间。装饰材料主要有木制品、铁制品（有锻打和铸铁两种）、大理石、玻璃和不锈钢等。优秀的楼梯装饰设计对于整个居室能够起到画龙点睛的作用。

1. 楼梯段

楼梯段是楼梯的使用和承重部分，它由若干个连续的踏步组成。为了避免人们行走楼梯段时过于疲劳，每个楼梯段上的踏步数目不得超过 18 级；考虑到人们在楼梯段上行走时的连续性，每个楼梯段上的踏步数目不得少于 3 级。

2. 楼梯平台

楼梯平台是楼梯段两端的水平段，主要用来解决楼梯段的转向问题，使人们在上下楼层时能够缓冲休息。楼梯平台按其所处的位置分为楼层平台和中间平台两种。与楼层相连的平台为楼层平台，位于上下楼层之间的平台为中间平台。相邻楼梯段和平台围成的上下连通的空间称为楼梯井。

3. 栏杆（栏板）和扶手

栏杆（栏板）是设置在楼梯段和平台临空侧的围护构件，应有一定的强度和刚度，并应在上部设置供人们手扶用的扶手。

（二）楼梯的尺度

1. 楼梯的坡度

楼梯的坡度指的是楼梯段的坡度，即楼梯段的倾斜角度。一般楼梯的坡度范围为 23°～45°，30° 为适宜坡度。坡度超过 45° 时，应设爬梯；坡度小于 23° 时，应设坡道。

2. 楼梯的踏步尺寸

楼梯的踏步尺寸包括踏面宽和踢面高。在建筑工程中，踏面宽的范围一般为 25～32 厘米，踢面高法人范围一般为 14～18 厘米。具体尺寸，应根据建筑物的功能和实际情况确定。

3. 楼梯段的宽度

楼梯段的宽度是指楼梯段临空侧扶手中心线到另一侧墙面（或靠墙扶手中心线）之间的水平距离。应根据楼梯的设计人流股数、防火要求及建筑物的使用性质等因素确定。

4. 平台宽度

为了保证通行顺畅和搬运家具设备的方便，楼梯平台的宽度应不小于楼梯段的宽度。对于双排平行式楼梯，平台宽度方向与楼梯段的宽度方向垂直，平台宽度应不小于楼梯段的宽度，并且不小于 110 厘米。

5. 楼梯的净空高度

楼梯的净空高度包括楼梯段上的净空高度和平台上的净空高度，应保证行人能够正常通行，避免在行进过程中产生压抑感，同时还要考虑搬运家具设备的方便。

楼梯段上的净空高度指踏步前缘到上部结构底面之间的垂直距离，应不小于 200 厘米。确定楼梯段上的净空高度时，楼梯段的计算范围应从楼梯段最前和最后踏步前缘分别往外 300 厘米算起。

平台上的净空高度指平台面到上部结构最低处之间的垂直距离，应不小于 200 厘米。

6. 扶手高度

扶手高度指踏步前缘到扶手顶面的垂直距离。一般建筑物楼梯扶手高度为 90 厘米；平台上水平扶手长度超过 50 厘米时，其高度不应小于 100 厘米；幼托建筑的扶手高度不能降低，可增加一道 50 ~ 60 厘米高的儿童扶手。

（三）常见室内楼梯种类

1. 木制楼梯

木制楼梯是目前市场占有率最大的一种。消费者喜欢木制楼梯的主要原因是木材本身有温暖感，加之与地板材质和色彩容易搭配，施工相对也较方便。选择木制楼梯的消费者，要注意在选择地板时与楼梯地板尺寸的匹配。目前市场上地板的尺寸以 90 厘米长、10 厘米宽为最多，但楼梯地板可以配 120 厘米长、15 厘米宽的地板，这样一格楼梯只要两块普通地板就够了，可少一道接缝，也容易施工和保养。

2. 钢制楼梯

钢制楼梯是目前比较时尚的一种类型。钢制楼梯一般在材料的表面喷涂亚光颜料，没有闪闪发光的刺眼感。这类楼梯材料费和加工费都较高。另外，还有用钢丝、麻绳等做楼梯护栏的，配上木制楼板和扶手，看上去也不错，而且价格相对低廉。

3. 大理石楼梯

这种材质的楼梯更适合室内已经铺设大理石的房间，以保持室内色彩和材料的统一性。一般用大理石铺设楼梯，扶手大多选择木制品，可使冷冰冰的空间增加一点暖色。这类装饰的价格主要看大理石是否昂贵。

4. 铁制楼梯

铁制楼梯实际上是木制品和铁制品的复合楼梯。有的楼梯扶手和护栏是铁制品，而楼梯板仍为木制品；也有的是护栏为铁制品，扶手和楼梯板采用木制品。选择这种楼梯的客户也不少，比起纯木楼梯，这种楼梯多了几分情趣。

5. 玻璃楼梯

玻璃楼梯是一种新生事物，它的购买人群主要是年轻人。玻璃大都用磨砂的，不全透明，厚度在 10 毫米以上。这类楼梯也用木制品做扶手，价格比进口大理石低一点。

楼梯的功能和多种处理形式，使其在建筑空间中有着特殊的造型和装饰作用。一般有开敞式和封闭式两种，并有不同的风格与形态，如庄重活泼型、对称式或自由式。楼梯也常作为空间分隔和空间变化的一种手段。楼梯以其特殊的尺度、体量、变化的空间方位，丰富多样的结构形式和可塑性的装修手段，在许多建筑造型和空间处理中起着极其重要的作用。

现在人们对楼梯的设计不单是为了解决垂直交通，楼梯也是点缀室内空间的独特之所在。除了对楼梯本身进行装潢外，楼梯也构成了一个位于上下楼层之间的独立空间。楼梯是室内装修的一部分，选择的材料必须与整个装修风格协调一致。

五、室内装修构造做法

建筑装饰构造的类型可分为两大类，即覆盖式构造和装配式构造。覆盖式构造是指在构件表面覆盖的装饰材料或装饰构件，又称饰面构造，如砖墙外加一层木护壁板、楼板上加一层木地板、楼板下做一层吊顶等。装配式构造是指通过组装构成的各种制品或设备，兼有使用和装饰的作用，又称配件构造。

（一）楼地面的构造

1.整体式楼地面构造

地面面层没有缝隙，整体效果好。一般是整片施工，也可分区分块施工。有水泥砂浆地面、细石混凝土地面、现浇水磨石地面、涂布地面。

2.块材式楼地面构造

用各种块状或片状材料铺砌成的地面。如用瓷砖、缸砖、马赛克、水泥花砖、预制水磨石板、大理石板、花岗石板、碎拼大理石等铺砌地面。

3.地毯楼地面

地毯铺设形式有满铺与局部铺设两种。

4.发光楼地面

地面采用透光材料，下设架空层，架空层中安装灯具。透光面板有双层中空钢化玻璃、双层中空彩绘钢化玻璃、玻璃钢等。

（二）墙面装饰构造

墙面的色彩、质感、纹理和图案等，都能改变室内空间感觉，对室内的美观和环境气氛有直接影响。墙面用明度很高的暖色，如米黄色、浅橙色，能产生亲切效果，同时又让人感到扩大了空间；用竖向纹理分块会感到房间加高，用横向纹理则感到房间低矮；有柔韧接触感的墙面使人感到亲切、舒适；有强烈反光的墙面，如镜面、磨光大理石，会使人感到疲劳、刺激。采用不同的墙面材料和构造，会产生不同的使用和装饰效果。就连墙上的一些细部，如护墙板、台度线、挂镜线、窗帘盒等，也都要纳入总体设计中，从而取得相得益彰的效果。

墙面的构造主要分为抹灰类、贴面类、板材类、涂刷类和裱糊类等。

1.抹灰类墙面饰面构造

采用各种加色或不加色的水泥砂浆、石灰砂浆、混合砂浆、石膏砂浆、水泥石碴砂浆等做成的饰面抹灰层。这种做法的优点是取材容易、施工方便、造价低，缺点是劳动强度大、湿作业量大、耐久性差。此种构造属中低档装饰，可用于室内外墙面。

2. 人造大理石板饰面

按所用材料和生产工艺不同可分为四类：聚酯型人造大理石、无机胶结型人造大理石、复合型人造大理石、烧结型人造大理石。构造固定方式有水泥砂浆粘贴、聚酯砂浆粘贴、有机胶粘剂粘贴、贴挂法等。

3. 罩面板类饰面

采用木板、木条、竹条、胶合板、纤维板、石膏板、石棉水泥板、玻璃、金属板等材料制成各种饰面板，通过镶、钉、拼贴等做成的墙面。特点是湿作业量小，耐久性好，装饰效果丰富。

玻璃墙面是选用普通平板玻璃或特制的彩色玻璃、压花玻璃、磨砂玻璃等做成的墙面。普通平板玻璃可以在背面进行喷漆，呈不透明的彩色效果，也可以进行车边。玻璃墙面表面特别光滑，易清洁，但不宜设于较低部位，以免受碰撞而破碎。

4. 裱糊类饰面构造

用裱糊的方法将墙纸、织物、微薄木等装饰在内墙面。此类饰面装饰性好，色彩、纹理、图案较丰富，质感温暖，古雅精致，施工方便。常见的饰面卷材有塑料墙纸、墙布、纤维壁纸、木屑壁纸、金属箔壁纸、皮革、人造革、锦缎、微薄木等。

采用皮革或人造革做墙面具有柔软、消声、温暖等特性。因此，皮革或人造革可用于体育运动的练习房、健身房、幼儿园等容易发生碰撞的房间和凸出的墙面或柱面，也可用于电话间、录音室或小型影剧院等有一定声学要求的墙面。

（三）顶棚装饰构造

顶棚是位于楼盖和屋盖下的装饰构造，又称天棚、天花板。顶棚作为室内空间的顶界面，最能反映空间的形状及其内在关系。通过顶棚处理，可以明确表现出空间的形状，显示各部分的相互关系，分清主次，突出重点与中心。选用不同的处理方法，还可以延伸和扩大空间感，对人的视觉起导向作用。

因此，顶棚的装修处理对室内景观的装饰效果有很大影响，其装修构造直接影响到装修工程质量。在公共建筑中，顶棚的构造除考虑内部空间的形状、性质和用途外，还应通盘考虑建筑功能、建筑声学、建筑热工、设备安装、管线敷设、维护检修、防火安全等综合因素及其技术要求，从而安排好灯具、通风口和扩音系统的位置。而整个顶棚的构造设计还要考虑自重小、实用、美观、经济等。

顶棚，按顶棚表面与结构层的关系可分为直接式顶棚、悬吊式顶棚；按顶棚外观可分为平整式顶棚、井格式顶棚、悬浮式顶棚、分层式顶棚等。

1. 直接式顶棚的基本构造

直接式顶棚适用于较小空间的室内，指直接在结构层底面进行喷浆、抹灰、粘贴壁纸、粘贴面砖、粘贴或钉接石膏板条与其他板材等饰面材料。结构顶棚也归于此类。

2. 悬吊式顶棚的基本构造

悬吊式顶棚的构造组成有基层、面层、吊筋，可埋设各种管线，可镶嵌灯具，可灵活调节顶棚高度，可丰富顶棚空间层次和形式等。顶棚内部的空间高度应根据结构的构件高度及顶棚上人或不上人来确定。为节约材料和造价，应尽量做小，若功能需要时，可局部做大，必要时要铺设检修走道。

3. 板材类吊顶的装饰构造

（1）活动式装配吊顶构造

活动式装配吊顶是指饰面板的固定采用明摆浮搁在龙骨上的方法，便于局部更换的一种装配式吊顶方式。这种吊顶的最大优点在于吊顶龙骨既是承重构件，又是吊顶面层饰面板的盖缝压条。这样，既有纵横分格的装饰效果，又可解决难以保证吊顶分格缝顺直的问题。

活动式装配吊顶的常用材料有矿棉板、玻璃纤维板、装饰石膏板、钙塑装饰板、泡沫塑料板等轻质板材。这些板材的表面上通常有多种图案和色彩，有些还根据设计要求加工成穿孔板而具吸音功能等。板材的规格因板材不同、产品类型不同和生产厂家不同而略有差异。

活动式装配吊顶所使用的龙骨多种多样，目前使用最多的是 LT 型铝合金龙骨。其悬吊体系因吊顶的荷重能力不同略有差异。一般不上人的轻便式装配吊顶直接以 LT 铝合金龙骨构造单层搁栅。主搁栅可以采用 T 型龙骨，也可采用 U 型龙骨，常用的有 UD40 大龙骨等。采用 LT 型龙骨时，要配套使用一些专用的吊挂件等吊顶龙骨配套材料。

（2）隐蔽式装配吊顶构造

实际上，隐蔽式装配吊顶和前述活动式装配吊顶属于同一类型，只是隐蔽式装配吊顶的吊顶龙骨底面不外露，吊顶饰面呈整体效果。

隐蔽式装配吊顶龙骨较活动式装配吊顶更为灵活，隐蔽式装配吊顶可以采用 LT 型、U 型及其他形式的铝合金龙骨或轻钢龙骨，其中应用得最多的是 U 型龙骨。

隐蔽式装配吊顶常用的饰面板材有胶合板、纸面石膏板、石棉水泥板、矿棉板、穿孔石膏吸音板、钙塑装饰板等。其中纸面石膏板或纸面防火石膏板具有块大、面平、易于安装、质量轻等一系列优点，并且可锯可刨，在吊顶造型中可以通过起伏变化形成不同的艺术风格，所以应用较为广泛。同胶合板相比，纸面石膏板配以金属龙骨防火效果更好。

以上几种板材一般在吊顶中作为基层材料使用，若想获得更好的装饰效果，必须在其表面饰以其他装饰材料。常用的饰面做法有：裱贴壁纸；涂刷乳胶漆；喷涂、镶贴各种类型的镜片，如玻璃镜片、金属抛光板、复合塑料镜片等。如果吊顶有吸音要求，应选择穿孔饰面板，或对板材作穿孔加工处理，孔的布置与排列应根据装饰设计要求而定。

4. 金属板顶棚装饰构造

金属板顶棚，是采用铝合金板、薄钢板等金属板材面层的顶棚，在现代建筑装饰中应用得十分广泛。铝合金板表面做电化铝饰面处理，薄钢板表面可用镀锌、涂塑、涂漆等防锈饰面处理。金属板有打孔和不打孔的条形、矩形等型材。

金属方板装饰别具一格，易于同灯具、风口、扬声器等构件协调一致，与柱边、墙边处理也较方便，且可与条板形成组合吊顶，采用开放型金属方板装饰还可以起通风作用。安装构造有搁置式和卡入式两种。

5. 开敞式吊顶的装饰构造

开敞式吊顶，俗称格栅式顶棚，它是在藻井式顶棚基础上逐渐发展形成的一种独立的吊顶体系。顾名思义，这种吊顶虽然形成了一个顶棚，但其吊顶的表面是开口的。正是这一特征，使开敞式吊顶具有既遮又透的感觉，可以减少吊顶的压抑感。开敞式吊顶与照明布置的关系较为密切。这种格栅式顶棚既可自然采光，也可作为人工照明顶棚，既可与 T 型龙骨配合分格安装，也可不加分格地大面积组装。开敞式吊顶的特点是效果独特、艺术处理手法富于变化，具有其他形式吊顶所不具备的韵律感和通透感，近年来在各种类型的建筑安装中应用得较为广泛。

开敞式吊顶的单体构件的造型应结合建筑的使用性质、空间的气氛、构件所处的环境、单体构件的组合方式等因素决定。从材料上看，主要由木材、塑料和金属三种材料制作。

开敞式吊顶的单体构件中，用得最多的是格栅式单体构件。这种格栅式构件的形式很多，不同厂家生产的同一形式的构件的尺寸及厚度也存在差异。当然，影响格栅式顶棚装饰效果的主要因素是格栅的形式及其组合方式，而尺寸和厚度的变化对装饰效果的影响较弱。

近年来还产生了一种挂片式吊顶，它亦属于开敞吊顶的一种。这种挂片式吊顶是由薄金属折板和一种专用的吊挂龙骨构成的。

6. 顶棚特殊部位的装饰构造

（1）迭级顶棚的高低交接构造处理

主要是指高低交接处的构造处理和顶棚的整体刚度。其作用有：限定空间，丰富造型，设置音响、照明等设备。其构造做法有：附加龙骨、龙骨搭接、龙骨悬挑等。

（2）顶棚反光灯槽构造处理

反光灯槽的造型和灯光可以营造特殊的环境效果，其形式多种多样。设计时要考虑反光灯槽到顶棚的距离和视线保护角，控制灯槽挑出长度与灯槽到顶棚距离的比值，同时避免出现暗影。

（3）灯具安装位置的构造处理

在吊顶上安装灯具，其基本方法很简单，只需确定灯具的安装位置，以小搁栅按灯具的外形尺寸围合成孔洞边框即可。此边框（或称灯具搁栅）应设置在次搁栅之间，既作为灯具安装的连接点，也作为灯具安装部位局部补强搁栅。需要注意的是，灯具的选择应尽可能使其外形尺寸与面板的宽度成一定的模数，这将给设计和施工带来不少便利。

（4）送（通）风口的构造处理

送风口通常按设计要求布置于吊顶的顶底平面上。送风口有单个的定型产品，通常用铝片、塑料片或薄木片做成，形状多为方形和圆形。但也可利用发光顶棚的折光片作送风口，亦可与扬声器等组合成送风口。

第三节　界面设计要素

室内界面，即围合室内空间的底面（楼地面）、侧面（墙面、隔断）和顶面。这三部分确定了室内空间大小和不同的空间形态，从而形成了室内空间环境。

从室内设计的整体概念出发，我们必须把空间与界面有机地结合在一起进行分析和对待。在具体的设计进程中，当室内空间组织、平面布局基本确定以后，对界面实体的设计就显得非常突出。室内界面的设计，既有功能技术的要求，也有造型和美观的要求。作为材料实体的界面，有界面的线形和色彩设计、界面的材质选用和构造等问题。此外，现代室内环境的界面设计还需要与房屋室内的设施、设备周密协调。例如，界面与风管尺寸及送、回风口的位置，界面与嵌入灯具或灯槽的设置，以及界面与消防喷淋、报警、通信、音响、监控等设施的接口等也急需重视。

一、室内界面处理的内容

室内界面设计，有造型和美观等方面的内容。具体表现在以下几点。①结构与材料：结构和材料是界面处理的基础，其本身也具备朴素自然的美。②形体与过渡：界面形体的变化是空间造型的根本，两个界面不同的过渡处理造就了空间的个性。③质感与光影：材料的质感变化是界面处理最基本的手法；利用采光和照明投射于界面而形成不同的光影，是营造空间氛围最主要的手段。④色彩与图案：在界面处理上，色彩和图案是依附于质感与光影变化的，不同的色彩图案赋予界面鲜明的装饰个性，从而影响到整个空间。⑤变化与层次：界面的变化与层次是依靠结构、材料、形体、质感、光影、色彩、图案等要素的合理搭配而构成的。

在界面围合的空间处理上，一般应遵循对比与统一、主从与重点、均衡与稳定、对比与微差、节奏与韵律、比例与尺度的艺术处理法则。

二、室内空间界面设计要求和功能特点

（一）室内空间各界面和配套设施设计的要求

主要有以下几个方面的要求：①耐久性及使用期限。②耐燃及防火功能。现代室内设计要尽量不使用易燃材料，避免易燃材料燃烧时释放大量浓烟和毒气的材料。③无毒无害。即散发出的气体及触摸时的有害物质应低于核定剂量。④易于制作、安装和施工，便于更新。⑤必要的隔热保温、隔声吸声性能。⑥装饰及美观要求。⑦相应的经济要求。

（二）室内空间各界面的功能特点

主要有以下特点：①地面应具有耐磨、防滑、易清洁、防静电等功能。②墙面应满足遮挡视线以及较高的隔声吸声、保温隔热要求等功能。③顶面应具有质轻、光反射率高、较高的隔声吸声、保温隔热要求等功能。

三、室内空间各界面设计的原则与要点

（一）室内空间各界面设计的原则

主要有以下几个原则：①在室内空间环境的整体氛围上，要服从不同功能的室内空间的特定要求。②在处理室内空间界面和某些配套设施上，切忌过分突出。③充分利用材料质感。质地美能加强艺术表现力，给人以不同的感受。④充分利用色彩的效果。色彩对视觉有强烈的感染力和较强的表现力。色彩效果包括生理、心理和物理三方面的效应。确定室内环境的基调以及创造室内的典雅气氛，主要靠色彩的表现力。所以说色彩的运用是一种效果显著、工艺简

单和成本经济的装饰手段。⑤照明及自然光影在营造室内气氛中起烘托作用。⑥充分利用其他造型艺术手段，如图案、壁画、几何形体、线条等的艺术表现力。⑦构造施工上要简洁、经济合理、施工方便。

（二）室内空间界面设计的要点

1. 形体

形体可以从两个方面来理解：一方面是指由各界面和配套设施围合而成的空间形体；另一方面是指各界面和配套设施自身表现出来的凹凸和起伏。不同空间形体和不同界面及配套设施的形体变化对空间环境会产生重大影响。

形体由面构成，面由线构成。室内空间界面和配套设施中的线，主要是指分格线和因表面凹凸变化而产生的线。这些线可以展现装饰的静态感或动态感，可以调整空间感，也可以反映装饰的精美程度。

室内空间界面和配套设施中的面是由各界面和配套设施造型的轮廓线和分格线构成的。不同形状的面会给人以不同的联想和感受。棱角尖锐形的面，给人以强烈、刺激的感觉；圆

滑形的面，给人以柔和、活泼的感觉；梯形的面给人以坚固和质朴的感觉；正圆形的面中心明确，具有向心力和离心力等。正圆形和正方形属于中性形状，设计者在创造具有个性的空间环境时，常常采用非中性的自由形状。

2. 图案

图案可以利用人们的视觉来改善界面或配套设施的比例，还可以赋予空间静感或动感。如，纵横交错的直线组成的网格图案，会使空间具有稳定感；斜线、折线、波浪线和其他方向性较强的图案，则会使空间富有运动感。图案还能使空间环境具有某种气氛和情趣。

在选择图案时，应充分考虑空间的大小、形状、用途和性格。同一空间在选择图案时，宜少不宜多，通常不超过两个图案。

3. 质感

在选择材料的质感时，应把握好以下几点：①要使材料性格与空间性格相吻合。室内空间的性格决定了空间气氛，空间气氛的构成则与材料性格紧密相关。因此，在材料选用时，应注意使其性格与空间气氛相配合。例如，娱乐休闲空间应采用明亮、华丽、光滑的玻璃和金属等材料，这样会给人以豪华、

优雅、舒适的感觉。②要充分展示材料自身的内在美。天然材料巧夺天工,自身具备许多人工无法模仿的美的要素,如图案、色彩、纹理等。因而在选用这些材料时,应注意识别和运用,应充分体现其个性美。如石材中的花岗岩、大理石,木材中的水曲柳、柚木、红木等,都具有天然的纹理和色彩。③要注意材料质感与距离、面积的关系。同种材料,当距离远近或面积大小不同时,给人的感觉往往是不同的。表面光洁度好的材质越近感受越强,越远感受越弱。例如,光亮的金属材料用在面积较小的地方,尤其在作为镶边材料时,显得光彩夺目,但当大面积应用时,就容易给人以凹凸不平的感觉;毛石墙面近观很粗糙,远看则较平滑。因此,在设计中,应充分把握这些特点,并在尺度不同的空间中巧妙地运用。④注意与使用要求相统一。对不同要求的使用空间,必须采用与之相适应的材料。如录音棚或微机房有隔声、吸声、防潮、防火、防尘、光照等不同要求,应选用不同材质、不同性能的材料。对同一空间的墙面、地面和顶棚,也应根据耐磨性、耐污性、光照柔和程度以及防静电等方面的不同要求而选用合适的材料。

另外,还要注意材料的经济性,选用材料应以低价而高效为目标。

四、室内空间界面装饰材料的选用

(一)选用界面材料需要考虑的因素

室内空间各界面装饰材料的选用直接影响着整体空间设计的实用性、经济性、美观性以及环境氛围,因此选用室内空间界面的材料是设计空间效果的重要环节。设计者必须熟悉各种装饰材料的质地、性能特点,掌握材料的价格和施工工艺,尽快学会运用先进的装饰材料和施工技术,为实现更好的设计创意打下坚实的基础。

室内空间各界面和配套设施装饰材料的选用,需要考虑以下几方面。

1. 适应室内空间的功能性质

用于不同建筑功能性质的室内空间,需选用不同的界面装饰材料,以烘托室内的环境气氛。例如,休闲、娱乐空间的热闹欢快气氛,办公空间的宁静、严肃气氛,这些气氛的营造与所选材料的肌理、光泽、色彩等密切相关。

2. 适合装饰设计的相应部位

不同的建筑部位对材料的物理、化学性质、观感等的要求也各不相同。例如，踢脚部位，由于需要考虑地面清洁工具、家具、器物底脚碰撞时的牢固程度和清洁的方便，因此通常选用有一定强度、硬质、易于清洁的装饰材料，如木材、石材等。

3. 符合更新、时尚的发展需要

由于现代室内设计具有动态发展的特点，设计装修后的室内环境并非一成不变的，而是需要更新、讲究时尚的，因此原有的装饰材料需要由无污染、质地和性能更好、更为新颖美观的装饰材料来取代。

材料的选用还应注意"精心设计，巧于用材，优材精用，一般材质新用"。装饰标准有高有低，即使在标准高的室内，也不能只用高贵材料进行简单堆砌。铺设或贴置装饰材料是"加法"，但一些结构体系和结构构件的建筑室内也可以做"减法"，如一些体育建筑、展览建筑、交通建筑的室内各界面，以及具有模板纹理的混凝土面或清水砖面等。

4. 便于安装、施工

选用的界面装饰材料，还需要便于安装和施工。

（二）室内界面装饰材料及感受

室内装饰材料的质地，根据其特性大致可以分为天然材料与人工材料、硬质材料与柔软材料、精致材料与粗犷材料。天然材料中的木、竹、藤、麻、棉等材料常给人们以亲切感。室内采用显示纹理的木材、藤竹家具、草编铺地以及粗略加工的墙体面材，显得粗犷自然，富有野趣，给人以回归自然的感受。

不同质地和表面加工的界面材料给人不同的感受。如，平整光滑的大理石——整洁、精密；纹理清晰的木材——自然、亲切；有斧痕的假石——有力、粗犷；全反射的镜面不锈钢——精密、高科技；清水勾缝砖墙面——传统、乡土情。

人们对室内环境气氛的感受，通常是综合的、整体的，既有空间形状，也有作为实体的界面、视觉感受。由于色彩、线形、质地之间具有一定的内在联系，又受光线等整体环境的影响，因此上述感受也具有相对性。

回归自然是室内装饰的发展趋势之一，因此室内界面装饰常适量地选用天然材料。即使是现代风格的室内装饰，也常选配一定量的天然材料，因为天然材料具有优美的纹理和材质。

常用的木材、石材等天然材质的性能和品种如下：①木材。具有质轻、强度高、韧性好、热工性能佳且手感、触感好等特点，其纹理和色泽优美，易于着色和油漆，便于加工、连接和安装。但应予以防火和防蛀处理，表面的油漆或涂料应选用不会散发有害气体的涂层。常用的木材有杉木、松木、胡桃木、影木、柳桉、水曲柳、桦木、枫木、橡木、山毛榉木、柚木，此外还有雀眼木、桃花心木、樱桃木、花梨木等，纹理具有材质特色，常以薄片或夹板形式作小面积镶拼装饰面材。②石材。浑实厚重，压强高，耐久、耐磨性能好，纹理和色泽极为美观，且各品种的特色鲜明。其表面可根据装饰效果的需要做凿毛、烧毛、亚光、磨光镜面等多种处理。运用现代加工工艺，可使石材成为具有单向或双向曲面、饰以花色线脚等的异形材质。天然石材做装饰用材时，要注意材料的色差。常用的石材有花岗石和大理石，这两种石材花色品种繁多。

五、底界面的装修

底界面在人们的视域范围中是非常重要的。楼地面和人接触较多，视距又近，而且处于动态变化中，是室内设计的重要元素之一。

（一）底界面装饰设计的原则

1. 基面要和整体环境协调一致，取长补短，衬托气氛
从室内设计空间的总体环境效果来看，基面要和顶棚、墙面装饰相协调配合，同时要和室内家具、陈设等起到相互衬托的作用。

2. 注意地面图案的色彩和质地特征
室内装饰设计地面图案大致可分为三种情况：一是强调图案本身的独立完整性，如会议室多采用内聚性的图案，以显示会议的重要性，色彩要和会议空间相协调，达到安静、聚精会神的效果。二是强调图案的连续性和韵律感，具有一定的导向性和规律性，多用于门厅、走道及常用的空间。三是强调图案的抽象性，自由多变，自如活泼，常用于不规则或布局自由的空间。

3. 满足楼地面结构、施工及物理性能的需要

室内装饰设计基面时要注意楼地面的结构情况，在保证安全的前提下，给予构造、施工上的方便，而且不能只片面追求室内装饰设计图案效果，还要考虑防潮、防水、保温、隔热等物理性能的需要。

（二）底界面的设计形式

楼地面的材料质地丰富、形式多样、效果各异。室内装饰设计图案式样繁多、色彩丰富，设计时要同整个空间环境相辅相成，以达到良好的效果。

1. 木质地面

这种地面色彩、纹理自然，可以拼接成各种图案，触感良好，保暖、隔音效果良好。常用于卧室、舞厅、训练馆等。

2. 块材地面

大理石、花岗岩等块材，可根据要求划分石块的形体进行敷设。这种地面耐磨、易清洁，常给人以富丽豪华的感受。常用于公共空间的门厅、会议室等。

3. 塑胶地面

塑胶地面柔韧，纹理、图案可选性木质地面强，有一定的弹性和隔热性，价格经济，便于更换。常用于一般性居民用房和办公、商业用房。

4. 地砖地面

特点是质地光洁，便于清洗。

此外，还有地毯地面、毛石地面、美术水磨石地面、电子机房的夹层地板等其他底界面设计形式。

六、侧界面的装修

侧界面也称垂直界面，有开敞的和封闭的两大类。前者有列柱、幕墙、有门窗洞口的墙体和各种各样的隔断；后者主要是实墙，包括承重墙及到顶的非承重隔墙。室内视觉范围中，墙面和人的视线垂直，处于最为明显的地位，同时墙体是人们经常接触的部位，所以侧界面的装饰对于室内装饰设计具有十分重要的意义。

（一）侧界面设计原则

1. 整体性

在进行墙面装饰时，要充分考虑墙面与室内其他部位的统一，使墙面和整个室内装饰设计空间成为统一的整体。

2. 物理性

墙面在室内装饰设计空间中面积较大，地位重要，要求也较高。因其使用空间的性质不同，对于室内空间的隔声、保暖、防火等的要求也存在差异，如宾馆客房要求高一些，而一般单位如食堂则要求低一些。

3. 艺术性

在室内装饰设计空间里，墙面的装饰效果对渲染美化室内环境起着非常重要的作用，墙面的形状、质感和室内气氛有着密切的关系。为了创造室内装饰设计空间的艺术效果，墙面本身的艺术性不可忽视。

（二）侧界面设计形式

侧界面装饰形式大致有以下几种：抹灰装饰、贴面装饰、涂刷装饰、卷材装饰。这里着重谈一下卷材装饰。随着工业的发展，可用来进行室内装饰墙面的卷材越来越多，如墙纸、墙布、玻璃纤维布、人造革、皮革等。这些材料的特点是使用面广、灵活自由、色彩品种繁多、质感良好、施工方便、价格适中、装饰效果丰富多彩，因此是室内装饰设计中大量采用的材料。

七、顶界面的装修

顶界面是室内装饰设计的重要组成部分，也是室内空间装饰设计中最富有变化且引人注目的界面。其透视感较强，通过不同的处理，配以灯具造型，能增强空间感染力，使顶界面造型丰富多彩、新颖美观。

（一）顶界面设计原则

1. 注重整体环境效果

顶棚、墙面、基面共同组成室内空间，共同创造室内环境效果。设计中要注意三者的协调统一，并在统一的基础上使其各自保有自身的特色。

2. 满足实用美观的要求

一般来讲，室内空间效果应是下重上轻，所以顶界面装饰应力求简洁完整，突出重点，同时造型要具有轻快感和艺术感。

3. 保证顶界面结构的合理性与安全性

顶界面的装修不能单纯追求造型而忽视安全，应保证顶界面结构的合理性和安全性，避免意外事故的发生。

（二）顶界面设计形式

1. 平整式顶棚

这种顶棚表面平整，造型简洁，构造简单，外观朴素大方，装饰便利，适用于教室、办公室、展览厅等。它的艺术感染力来自顶界面的造型、质地、图案及灯具的有机配置。

2. 凹凸式顶棚

这种顶棚表面不是平整一片，而是有凸凹变化，有单层也有多层，通常被称为立体天棚。其造型华美富丽，立体感强，适用于舞厅、餐厅、门厅等。设计时要注意各凹凸层的主次关系和高差关系，不宜变化过多，要强调自身节奏韵律以及整体空间的艺术性。

3. 悬吊式顶棚

这是在屋顶承重结构下面悬挂各种折板、平板或其他形式的吊顶，这种顶棚可产生特殊的美感和情趣，往往是为了满足声学、照明等方面的要求或为了追求某些特殊的装饰效果，常用于体育馆、电影院等。近年来，在餐厅、茶座、商店等建筑中也常用这种形式的顶棚。

4. 井格式顶棚

井格式顶棚是结合结构梁形式，主次梁交错以及井字梁的关系，配以灯具和石膏花饰图案的一种顶棚。其外观生动美观，朴实大方，节奏感强，甚至能表现出特定的气氛和主题。

5. 玻璃顶棚

现代大型公共建筑的门厅、中厅等常用这种形式，主要是为了满足大空间采光及室内绿化的需要，使室内环境更富于自然情趣，为大空间增加活力。其形式一般有圆顶形、锥形和折线形。

6. 发光顶棚

在有高差的灯井处做格栅或灯箱形成发光顶棚。常见做法是以龙骨和玻璃组成饰面，顶棚内藏照明灯管，透过玻璃形成均匀照明。玻璃常做成较大面积，故形成发光顶棚。玻璃一般采用磨砂玻璃、纹理玻璃、彩色玻璃和彩绘玻璃等。在顶棚安放玻璃应注意安全，且玻璃要能够开启，以方便清洗和维修灯具。

7. 分层式顶棚

也称叠落式顶棚，其特点是整个天花有几个不同的层次，形成层层叠落的态势，可以中间高而周围向下叠落，也可以周围高而中间向下叠落。叠落的级数可为一级、二级或更多。高差处往往设槽口，槽口处照明。

8. 格栅式顶棚

格栅式顶棚又称格栅吊顶，是有规律地将格栅片均匀分布的吊顶形式。这种顶棚由藻井式顶棚演变而成，表面开敞，具有既遮又透的效果，有一定的韵律感，减少了压抑感。由于上部空间是敞开的，设备及管道均可看见，所以要采用灯光反射或对设备管道进行刷暗色处理。

格栅片可组成井字格或线条形式。这种吊顶形式材料单一，施工方便，造价便宜，造型较为流畅，韵律感较强。格栅片一般是用轻钢、铝合金等材料加工而成的，也有些格栅片是在施工单位现场木作而成的。

9. 暴露结构式顶棚

暴露结构式顶棚是指在原土建结构顶棚的基础上加以修饰而形成的顶棚形式。这种形式的顶棚一般不做吊顶或极少做吊顶。中国古建筑木构架大都采用暴露结构式，合理的结构性与彩画构成了独具风格的木结构建筑体系。大跨度结构体系的空间常采用这种形式的顶棚，如体育建筑等。另外，有些顶棚的处理也会暴露顶棚中的多种管道和管线，而不考虑掩盖这些设备，可以让人体会工业时代的多种审美情趣。这一类顶棚常见于大型仓储式购物中心与餐饮、酒吧等场所。

第六章　建筑室内设计流程

第一节　明确客户需求

室内设计是按照不同建筑物的内部空间功能、特点以及使用目的，运用技术及艺术的手段进行再创造，是一项复杂而系统的工作。因此首先要明确设计是什么；客户真正需要什么；设计师能解决什么问题，创造什么价值。

一、明确设计是什么

设计等于设想加计划。设想是初步的定位和方向，计划是整个项目策划和空间构思的过程。要坚持"以人为本、为人服务"为设计核心，重视环境整体意识，把握科学性与艺术性、时代感与历史文脉的关系。室内设计就是运用艺术的手段去解决问题，用技术的手法去塑造现实，创造无限的、有新意的、有内涵的室内空间环境。

二、客户真正需要什么

仔细了解建筑室内环境的具体情况，充分掌握客户的总体设想，尽可能多地收集用于设计的客观资料，为设计构思提供依据。把握空间的功能需求及设计定位，解答客户疑虑，与客户就设计方案做充分沟通，提出一些能够赢得客户认同和信任的设计创意。大多数客户最关心的无非是三点，即价格、质量、设计（及施工）效果。

三、客户洽谈

任何一位设计师都希望自己设计的作品被客户接受，都希望与客户的交易谈判获得成功。与客户洽谈时，设计师要用专业技能及艺术创意去打动客户。洽谈内容包括建筑空间的使用性质、功能特点以及设计规模、设计定位、总造价等。

例如住宅室内设计，设计师在与客户沟通的过程中，需要了解以下基本情况，这样才能制定出最合适的设计方案。

家庭结构形态，如新生期、发展期、老年期；家庭综合背景，如籍贯、民族、信仰、教育、职业；家庭性格类型，如共同性、个别性格、偏爱、偏恶、特长；家庭生活方式，如群体生活、社交生活、私生活、家务态度和习惯；家庭经济条件，如高、中、低收入型。

设计师要具备良好的艺术修养和综合素质，才能成功地洽谈客户，创造更好的设计作品。洽谈客户应注意以下几点：①心态要平和，心态平和才能互惠互利。不要轻易喜形于色，要以礼相待，热情迎客，以诚相待。②洽谈时要有良好的整体形象。好的形象会给客户好的印象，有助于洽谈。在现实的洽谈交易过程中，优秀的设计师在与客户沟通中会给客户留下较高的评价，反之，能力缺乏的设计师在与客户沟通中会令客户误解，使顾客对设计师、对企业失去信心。③方案沟通和现场徒手表现的能力。这是一个设计师必须具备的艺术修养和专业技能。在洽谈沟通的同时，要让客户了解你的专业水平。④设计师要学会自我推荐。客户所需要的就是能力强、有责任心、自身素质较高的优秀设计师，以满足他们的要求。

第二节 制定设计标准

一、设计表达

设计表达是室内设计的重要组成部分,是通过文字和图形语言来体现设计师思维创意的过程。这也是与客户(委托方/甲方)沟通的重要途径。设计表达是设计师与客户和各工种深入讨论方案设计及施工工艺的共同依据。目的在于事先对设计的项目存在的或可能要发生的问题,做好全盘的计划,拟定解决这些问题的方法。设计表达的方式有很多种,通常包括徒手草图、方案图册、三维效果、动画模型、实物模型等。

(一)徒手草图

徒手草图是设计表达的重要方式。徒手草图是抓住灵感、完善灵感的一种方法。设计师要不断提高设计表现技巧,具备一定的徒手草图表现能力,从而表达自己的设计构思。

(二)方案图册

方案图册通过文字和图形的表达方式对设计意图进行准确描述和计划。方案图册的表达形式很多,除了用徒手草图外,还可与照相机、扫描仪、绘图板,结合电脑软件 Auto CAD、Adobe Photoshop 等表达使用。方案图册能准确地表现设计意图和设计思路,包括施工图纸、效果图及文字说明,最终成套方案装订成册,作为设计项目施工的依据。

（三）三维效果

运用 3d Max、设计家等相关软件建模，通过渲染得到三维效果图，可以向客户直观地呈现环境氛围、室内空间。但是很多特殊的设计项目，还需要真实营造空间氛围，以动画模拟人的行为和视角，再现设计方案实施后的场景，从而探讨室内环境设计的可行性。

（四）模型

模型能以三度空间的表现力表现一项设计。观者能从各个不同的角度看到建筑物的体形、空间及其周围环境，因而它能在一定程度上弥补图纸表达的局限性。这种表达方式很直观，在整体上很容易把握，缺点是比较麻烦。虽然做模型的工具和材料越来越先进和齐全，但还是耗费相对较大的精力和物力，因此模型主要运用在建筑设计领域和房地产行业。

二、制图规范

目前，国家尚未正式颁布室内设计制图标准，室内设计专业基本沿用建筑和家具的图纸规范。我国现行建筑制图规定主要有《房屋建筑制图统一标准》《建筑制图标准》。为加强正投影图纸的规范化管理，在遵循建筑制图规范原则的前提下，室内设计企业各自制定了属于自己企业的制图规范。

（一）图纸齐全

图纸齐全是为了保证设计师与客户在设计上有良好的沟通，设计师与装修现场施工人员在交流中能将自己的设计意图充分地表达。因此要求图纸齐全。

室内设计图纸编排顺序一般为：封面、图纸目录、设计说明、建筑装饰装修设计图。如果涉及核算、给排水、采暖通风、电器等专业内容，还应附有相应专业的设计图纸，排序为：结构核算图、给排水图、采暖通风、电器等。

封面：包括项目名称、施工公司名称、设计公司名称。

目录：包括图纸名称、张数、图号顺序，其目的是便于查找图纸。

设计说明：①设计依据。本工程所参照和引用国家和地方颁布的有关规范规程、法令和行业标准文件等。②材料选择。说明用于本工程的主要材料的材质、规格、产地、主要性能指标。一般应包括木材、饰面材、玻璃、金属板、石材及其他板材，胶、五金配件及其他附件。③施工要求。应说明与土建设计施工的配合要求，与电气设计施工的配合要求，对幕墙施工的要求及施工精度的要求等。④一般说明。对设计资料的一般说明。

建筑装饰装修设计图主要包括：表现图、原结构改造图、墙体拆除图、新建墙体图、平面布局图、平面布局尺寸图、地面铺装图、面积周长统计图、天花平面图、天花平面尺寸图、开关位置图、插座位置图、冷热水位置图、立面图、大样及剖面图、设计图其他说明、地面铺装备注说明图、天花吊顶备注说明图等。

（二）图纸规范

为了做到建筑装饰装修工程制图规范统一、清晰简明，保证图面质量，提高制图效率，符合设计、施工、存档等要求，以适应工程建设与装修的需求，室内设计图纸不但要考虑制图规范问题，还要绘制得更形象、生动，图纸的美观性也非常重要。

1. 图纸幅面

图纸幅面，指图纸的大小规格。为了便于图纸的装订、查阅和保存，满足图纸现代化管理要求，图纸的大小规格应统一。标准的图纸以 A0 号图纸 841 毫米 ×1189 毫米为幅面基准，通过对折共分为 5 种规格。图框是在图纸中限定绘图范围的边界线。图纸的幅面、图框尺寸、格式应符合国家制图标准《房屋建筑制图统一标准》的有关规定。

2. 标题栏及会签栏

图纸右下角的表格称为标题栏，用来填写工程名称、图名、图号以及设计单位、设计人、制图人、审批人的签名和日期等，并且标题栏中的文字方向为看图方向。标题栏外框用粗实线绘制，内部分格线用细实线。标题栏应根据工程需要选择合适的格式。签栏位于图纸左上角，需要会签的图纸应绘制会签栏。栏内应填写会签人员所代表的专业、姓名和日期。一个会签栏不够时，可增加一个，两个会签栏应并列。不需要会签的图纸可不设会签栏。

3. 线型要求

室内设计图纸由各种线条构成，不同的线型表示不同的对象和不同的部位，代表着不同的含义。为了图面能够清晰、准确、美观地表达设计思想，工程实践中采用了一套常用的线型，并规范了它们的使用范围。图线宽度应根据图样的复杂程度和比例按《房屋建筑制图统一标准》中图线的规定选用。

绘制线型的注意事项有以下几点。①在同一张图纸内，相同比例的图样应采用相同的线宽组。②互相平行的线型，其间隙不宜小于其中的粗线宽度，且不得小于 0.2 毫米。③虚线、单点画线或双点画线的线段长度和间隔应各自相等。④单点画线或双点画线的两端应是线段而不是点，虚线与虚线、单点画线与单点画线或者单点画线与其他线型相交时，应是线段相交；虚线与实线交接，当虚线在实线的延长线方向时，不得与实线连接，应留有一段间距。⑤在较小图形的绘制中，绘制单点画线或者双点画线有困难时，可用实线代替。⑥图线不得与文字、数字和符号重叠、混淆，不可避免时，应首先保证文字等的清晰。

（三）图纸的比例规范

图样的比例应为图形与实物相对应的尺寸之比。例如 1 ∶ 1 表示图形大小与实物大小相同。1 ∶ 100 表示实际中的 100 个单位落实在图纸上缩小成 1 个单位，即图纸是实物的 1/100。1 ∶ 200 表示实际中的 200 个单位落实在图纸上缩小成 1 个单位，即图纸是实物的 1/200。

下面列出常用的绘图比例，设计师可根据实际情况灵活使用。

平面图的常用绘图比例有：1 ∶ 50；1 ∶ 100；1 ∶ 200。

立面图的常用绘图比例有：1 ∶ 20；1 ∶ 25；1 ∶ 30；1 ∶ 40；1 ∶ 50；1 ∶ 100。

详图的常用绘图比例有：1 ∶ 50；1 ∶ 40；1 ∶ 30；1 ∶ 25；1 ∶ 10。

节点大样图的常用绘图比例有：1 ∶ 10；1 ∶ 5；1 ∶ 2；1 ∶ 1。

三、合同协议

室内设计公司主要有营销型装饰公司和技术型设计公司两种类型。它们的发展定位不同，客户群体和业务领域也不一样。营销型装饰公司主要针对住宅室内空间展开设计和施工业务；技术型设计公司主要针对公共室内空间展开设计，以设计为主，施工为辅。

营销型装饰公司一般设计费较低，主要靠工程施工盈利。营销型装饰公司管理流程是，客户洽谈成功后，先签订设计协议并交纳设计定金，然后预约上门现场量房，制定设计方案，等确认图纸后签订装饰工程施工合同。技术型设计公司管理流程是，确定项目、接受委托后直接签订设计合同或进入投标准备议程。

第三节　设计方案程序

一、设计前期

设计前期主要接受委托任务书、签订合同，或者根据标书要求参加投标；明确设计期限并制定设计计划进度，考虑与各有关工种的协调配合；明确工程的性质、规模、投资、等级标准、使用特点、所需氛围等要求；熟悉设计有关的规范和定额标准，收集分析必要的资料和信息，包括对现场的勘测以及对同类型实例的参观调研等。

二、现场勘测

（一）室内空间观察

在进行室内现场观察时要特别细心，可以借助相机对空间进行记忆，了解建筑室内空间现有条件，记录隐蔽工程的基本情况。例如在住宅室内设计中，注意以下几点：①了解入户门的大小和开启方向。是内开还是外开？是单开、子母门，还是双开门？②了解建筑结构、户型格局、墙体厚度。③是否有入户花园？是否有硬玄关空间？④玄关和起居室过渡是否合理？观察阳台的位置。⑤了解餐厅功能分布和空间形式，餐厅和厨房空间的衔接。⑥了解厨房、卫生间的位置，地坪高度和门洞的位置。⑦记录过道的空间格局、长度和宽度。⑧记录建筑空间净高度，柱和梁（主梁、次梁）的位置。⑨记录强电箱、弱电箱的位置和大小。⑩记录下水口的位置，口径的大小。⑪记录燃气管、气表、烟道、管道、空调洞的位置。⑫记录各房间门洞大小，开窗大小和开窗的形式。⑬观察建筑周围环境，了解所在楼层、朝向、周边环境，是否有遮挡等。

（二）现场测量

1. 测量工具

测量工具包括：红外测量仪、卷尺、皮尺、数码相机、纸、笔（至少两种不同颜色）等。

2. 测量方法

首先，根据观察现场，徒手描绘户型格局图，重点关注特别的结构。然后，根据户型布局，从空间入口开始，逐项测量。要求准确、精细、严谨，并把测量到的每一个数据记录在对应的图纸位置上。

注意事项：①如果某些功能空间是有角度的，则需要测量角度；②记录各个空间窗户的形式和宽度、高度以及离墙面的距离；③记录卫生间地漏位置、下水口、排污口的位置和相互之间的尺寸④记录管道外包墙体的尺寸、裸露的管道尺寸及预计装修方法；⑤记录原始配电箱和每个房间的开关、插座位置及测量离墙距离等。

三、方案设计

方案设计是指在设计前期、现场勘测的基础上，进一步收集、分析，运用与设计任务有关的资料与信息构思立意，从而进行概念设计，并对方案进行分析与比较。

　　室内设计的概念设计，就是运用图形思维的方式，对设计项目的环境、功能、材料、格调、氛围进行综合分析，所做的空间总体艺术形象构思设计。概念设计完成后，与客户进行沟通交流，反复推敲比较，最后完成方案设计。

　　在方案设计阶段，室内设计师提供的方案文件一般包括设计说明、平面图、顶面图、立面展开图、彩平图、效果图、造价概算、室内装饰材料实样（家具、灯具、陈设、设备等实物照片，其他如面砖、石材、织物、墙纸、地毯、木材、窗帘等均宜采用小面积的实样）。方案设计经客户审定后，方可进行施工图设计。

四、施工图设计

　　施工图设计是保证工程准确实施的主要依据，需要补充施工所必要的有关平面布置、室内立面和平顶等图纸，还需包括构造节点详图、细部大样图以及设备管线图，编制施工说明和造价预算。

　　施工图设计重点表现在四个方面：①不同材料类型的使用特征；②材料与施工工艺的构造特征；③环境系统设备与空间构图的有机结合；④界面材料收口及过渡的处理方式。

五、设计实施

　　在此阶段，室内设计师的工作内容包括：在施工前向施工方进行设计意图说明及图纸的技术交底；根据施工现场状况，提出对图纸的局部修改和补充（由设计单位出具修改通知书）；在施工中配合施工方解决涉及设计的问题及装饰材料的选样；施工结束时，会同质检部门和建设单位进行工程验收，必要时，协助客户处理软装配置的选样等工作。

　　总之，为了塑造一个理想的室内设计作品，室内设计师必须把握好设计各阶段的环节，充分重视与其他工程师、客户、管理部门、材料商、施工方等的合作，确保取得理想的设计工程成果。

第四节　施工现场管理

一、设计交底

为了使参与施工的各方了解项目设计的主导思想、构思立意和要求，了解采用的设计规范，了解确定的抗震设防烈度、防火等级、基础、结构、内外装修等，了解对新技术、新工艺、新材料、新设备的要求以及施工中应特别注意的事项，保证工程质量，室内设计师必须依据国家设计技术管理的有关规定，对提交的施工图纸进行系统的设计技术交底。同时，也为了减少图纸中的差错、遗漏、矛盾，必须将图纸中的质量隐患与问题消灭在施工之前，使设计施工图纸更符合施工现场的具体要求，避免返工浪费。

工作程序如下：①首先由设计单位介绍设计意图、结构设计特点、工艺布置与工艺要求、施工中注意事项等；②各有关单位对图纸中存在的问题进行提问；③设计单位对各方提出的问题进行答疑；④各单位针对问题进行研究与协调，制订解决办法。

二、工程管理

工程管理涉及各个方面，规模大的工程项目需要专业的施工团队来管理和监制，场施工前，要做相关的成品保护的准备工作。这里主要针对营销型装饰公司的工程管理。进成品保护能最大限度地防止房屋内门窗、水电设施及其他物品受损坏，并且能够有效降低装修过程中发生意外的概率。所有准备工作完成后，工程巡检员对装修前期工作进行检查，验收合格后开具装修开工证，再让材料进场并且正式施工。

（一）施工须知

第一，办理装修许可证后方能施工，严禁公司员工无许可证施工。谁违反，谁负责。

第二，进场第一天必须做好文饰保护工作。施工手册由项目经理自行保管，不准遗失。

第三，图纸尺寸及预算与现场交底，项目经理负责现场施工质量、安全、进度、文明施工和卫生等。

第四，隐蔽工程经客户签字认可后，方可进行下一步施工。

第五，因施工现场停水、停电或非施工原因造成延期，项目经理必须让客户及时签字，以便顺延工期。

第六，客户单方与各工种联系更改图纸或工程变更，施工人员有权拒绝。严禁施工员与客户私下交易，严禁没有签工程变更单就擅自增加或减少项目。

第七，如果客户未施工前需要改施工图纸，项目经理必须凭公司设计部设计专用修改图和客户签字，客户认可追补预算方能施工。

第八，各工种严格按操作规范施工，杜绝工伤事故，刷涂油漆时严禁明火。

第九，项目经理必须全天候开通手机与客户主动联系，汇报情况与近段时间工作安排（或在微信群联系）。

第十，为了规范施工管理和企业形象，所有进入施工现场的人员必须穿统一的工作服。

第十一，各工种施工应保证工程质量，自检合格后，提前通知质检员、客户验收，认真负责整改验收中的问题，并交客户验收签字做好施工日记。

第十二，工人每日下班时必须切断总电源、关闭总水阀，完成后方能离开。

（二）施工管理细则

每个流程都要详细记录和监管，见表6-1、表6-2。

表 6-1　开工前现场勘查表

项目		检查情况			备注
表面检查	墙面	□空鼓	□裂缝	□平整	
	顶面	□空鼓	□裂缝	□平整	
	地面	□空鼓	□裂缝	□平整	
	阴阳角垂直度	□直	□一般	□不直	
给排水检查	给排水	□通	□不通	□其他	
	阳台	□通	□不通	□其他	
强电、弱电、煤气、情况	电器线路	□正常	□不正常	□其他	
	监控保安系统	□有	□没有		
	有线	□有	□无		
	电话	□有	□无		
	网络	□有	□无		
	煤气	□有	□无		
入户门	外观	划伤破损情况 □有	□无		

说明：

　　1.施工前请仔细检查房屋的各部位是否存在瑕疵，并注明是否影响施工质量，对施工质量有影响的将按具体情况收取维修费。

　　2.对瑕疵严重的部位应告知业主，由业主通知物业进行修复。

　　3.对于装修一段时间限次可能会重复出现的，应告知业主并确认。

甲方签字（客户）：　　　　　　　　　乙方签字（监理）：

日期：　　　　　　　　　　　　　　　日期：

表 6-2　辅材现场材料确认表

材料名称	品牌	型号	规格	项目经理签字	客户确认	日期
1.5m² 电线						
2.5m² 电线						
4m² 电线						
6m² 电线						
10m² 电线						
电话线						
闭路线						
网络线						
音响线						
PVC 线管						
冷水管						
热水管						
PVC 下水管						
防水						
木工板						
石膏板						
生态板						
木龙骨						
轻钢龙骨						
腻子粉						
乳胶漆底漆						
乳胶漆面漆						

注：水电材料需客户签字确认后再进行下一步施工。

三、验收及售后

  这里所说的验收是指每个工序完工都要进行验收。项目所有工程竣工，由客户、工程部、监理部门（质检部）三方综合验收，对整体工程进行竣工验收。验收合格后交付使用，并进行工程结算，享受后期外装工程两年、隐蔽工程（给排水、防水工程、强弱电管线工程以及地板基层、护墙基层、门窗套基层和吊顶基层）五年的质保售后服务。

第七章　不同维度下的室内设计实践

第一节　心理学视域下的室内环境设计

一、居住环境与心理学的应用

居住环境在人类生存行为中占有极重要的地位。尽管居住环境和健康、家庭关系、经济收入、生活品质等因素最为密切，但居住环境较其他因素更容易受到设计和规划的改变，从而影响人的生活。

住宅是人们生活中最重要的场所之一。从生命的开始到终结，人的绝大部分时间是在住宅里度过的。据科学统计，一个人每天会在住宅里度过 13 ~ 14 个小时。另外，住宅中体现了人们最重要的社会关系，家中有丈夫、妻子、父母以及孩子等，人们会在一起分享住宅空间。再者，面对城市里的各种压力，住宅也是人们重要的"避风港湾"，人们在自己家里享有较多自由，较少受到外界的干扰与限制。因此，住宅对人们来说不仅仅是一个纯粹功能性的、实用性的空间，住宅被附加了一系列重要的心理上的意义和价值。它不仅是一个场所，也是一个象征。正是这个原因，我们才会把住宅称为"家"。

"家"是一系列条件结合而成的概念，除了物质组成部分外，文化观念和心理也起着非常重要的作用，即家给人们带来的心理上的安全和安定的情感作用。对于人来说，"家"不仅仅是一个物理地点，还是情感与环境产生连接的重要场所。可以认为家的环境是由自然、稳定的心理和社会过程，以及物质结构等多方面要素组成的，但家包含的意义远远高于物理建筑。在大多数人的心里，家象征着稳定、安全、安定。通过对环境的个性化装饰，我们在家中拓展自身、释放自我。当我们将自己的独特风格融入一个家时，我们对生活和个性的理解也就全部融入其中。人们通常以家为主题与邻居交流关于自己的事情，也将外界一些小物品摆放到内部空间，以反映自己的个性。通过自我表达和人性化，家变成"我们是谁"的象征。它既象征温暖和安全，又提供我们身体和心理所需的健康，这也许就说明了为什么当一个人想起家的时候，会表现出无限的喜悦与强烈的渴望。

一些研究者发现，目前人们对地点的心理感觉和地点物理特性的区别变得越来越模糊。住宅对于人们来说具有不同意义。家的地点除了具有物理环境特性外，还意味着某些与自己或他人相关联的心理文化意义。另外，地点的意义会随着时间、人们的经历、人格以及人际圈的不同而改变。例如，一个地点或环境对人的心理形成正面的影响时，人们会主动对地点环境进行认同，并将自己的情绪、记忆、期望、人格特性等内容融入环境中，并对这个地点寄予依恋。如果一个人在某个地点被干扰或产生过负面事件，他便会拒绝和这个地点产生任何心理联系。

地点依恋是人、社会和物理环境的交互作用而产生的，它会随着时间的推移而改变。我们不仅通过对地点所产生的依恋表达对自我的想象，还以此来满足我们对归属感、自由感和安全感的需求。一些研究表明，强烈的地点依恋与减缓情绪和调节隐私有关。

（一）家居环境

对于大多数人来说，居住环境的满意度与住宅功能是否满足他们的需要十分相关。居住的功能性空间一般分三个层级：一层级空间是公共或共同区域，是进行交流和社会性活动的空间（如客厅、饭厅）；二层级空间也是公共的，交流与社会性活动交互，同时空间活动会转移（如厨房、走廊）；三层级空间是独立的或个人空间（如浴室、卧室），满足居民独自行动的需求。

在设计中我们发现，住宅环境中有五种行为要求是满足住宅设计功能性需求的重要因素，即交流、易接近性、自由、占有与放松。

1. 交流

只要是多人存在的空间就会发生交流，设计者必须明确住宅中哪里有大量的交流，同时注意在不同的家庭中交流会发生变化。一层级的公共性交流活动倾向于在客厅（起居室）或厨房里发生。二层级空间的交流可能会受到距离的影响，受到关着的门或睡觉的时间等因素限制。因此我们应该在这些交流空间中提供舒适的语言交流环境，可以通过空间的组织或不同家具的围合来满足不同层级对交流的需要，创造一个良好的通话环境，使在这些空间中的交流变得更容易。

2. 易接近性

易接近性是指空间应该提供方便人们进行交流、分享活动的条件（如尺度和家居摆设），同时满足互动活动的隐私性。使用者会更愿意在这样的环境中停留，因此，住宅的位置很重要，既要充分保证交流又要远离如办公、健身等空间，以保证活动的私密性。视觉和听觉的隐私也是易接近性的一部分。为了保护视觉隐私，我们可以设置一定的隔断来达到空间分割的效果；为了保护听觉隐私，也可以建造隔音墙或其他结构来降低声音。另外，我们应该为孩子提供活动空间，让空间设施具有一定的多功能与可移动性，从而满足孩子多方面的活动需求。

3. 自由

许多人把家看作避难所，他们可以在里面做任何想做的事，比如看喜欢的电视节目、随意地光脚走等。我们可以通过降低室内设施的限制来达到这一点，如设计隔断的合理高度，选择不同透光或视觉遮挡的材质等。在高密度的环境中，人们的自由可能会受到影响，环境的尺度和视觉可控性非常重要。

4. 占有

使用者对空间的占有方式直接影响设计。住宅空间可能只具有某项单一的功能，如工作、娱乐、社交，也可能是这些活动的不同组合。同时，我们会在这些环境中放置大量与活动相关的设备。无论是多功能还是单一功能，我们都应该为主要活动提供合理的空间和设备。例如，若住户是个台球爱好者，有一个台球桌，我们就应该提供足够的空间来让住户舒适地玩，对于空间中影响这项活动的设施（如电视、柜子），则应考虑取消。

对空间的占有或使用方式还应该根据建筑环境来决定。地下室通常用于储藏，但它空间大、温度低、噪声低，可能更适合作为影音室、健身房等需要低噪声的空间。

5. 放松

在复杂的社会环境下，放松对于居住者来说变得尤为重要。家是人们在一天的活动后可以减压的地方，设计者必须考虑环境的刺激水平。例如，噪声、光线和气味是主要的压力刺激源，设计者必须尽可能地减少噪声，控制光线，注意装饰的形态与搭配。

（二）影响住宅室内环境满意度的其他因素

1. 社会角色

人的职业及身份特征对住宅环境的选择影响非常大。根据客厅家具的摆放和空间的布置，我们可以把人对室内空间的偏好分为五类，见表7-1。

表7-1　不同个性的人的设计偏好

类型	设计偏好
A	环境设计的特点是非对称的、古怪的、不常见的。现代设计混合的家具、挂毯、丝绸屏风以及古董将会增加 A 型人与环境的友好关系
B	尽管与 A 型相似，但是 B 型人偏好不贵的、有更多功能的物品。这类人不是非常富裕，纯粹以美学的视角看待所属品
C	拥有昂贵的艺术品，偏好木质地板，以仪式或招摇的方式陈列古物。这类人较为富裕，将所属品作为地位的象征
D	偏好不贵的物品和代表性的陈设，例如艺术品的复制品。这类人更喜欢对称的布局
E	有价值的物品很少，偏向于以非常对称的方式布置所属品

从表7-1中我们可以发现，A 型人和 B 型人一般有专业性比较强的职业，不喜欢过度消费，偏好文艺的装饰，热爱旧的事物，偏好智力型的娱乐活动。C 型人和 D 型人大多是成功的商人，年纪偏大，他们喜欢代表身份地位的环境装饰，希望环境能代表传统的社会规则与行为，同时表现出社会等级与地位。E 型人的社会资源有限，一般是退休的、年长的老人或普通职员，他们对环境没有过多的要求，主要是经济、适用。

2. 年龄和人生阶段

随着年龄、需要、目标、地位的改变，人们对住宅环境的要求也会发生变化。例如，许多老年人会选择搬迁到温暖的地区，搬进不太需要维护的房子。有孩子的家庭特别偏好开阔的地区，选择配套良好的住宅区，因为这里有更多的学校和室外空间。年轻人更倾心于华丽的居住环境，而中老年人则偏向朴素的居室环境。

3. 性别

性别对住宅环境的影响非常大，一般情况下，男性对家居环境的要求更低，而女性对住宅环境的要求会更多，因此住宅空间一般结合女性的需要而设计。女性一般偏向面积不大的住宅，室内有更多的公共空间；男性则偏好大面积住宅，强调对称性，装饰朴素，因为他们往往会通过住宅面积来评估自己在社会中的位置。总之，女性更偏好具有多种功能的、隐私性强、原始的环境；男性更偏好朴素和有个人空间的环境。

（三）住宅室内环境设计

1. 色彩

色彩设计的目的是让人感受到愉悦、舒适，在视觉上产生美，且具有均衡性。不论空间大小，色彩都可以创造及改变其格调。住宅室内色彩主要由室内界面、家具、陈设和家电几个部分组成。如果整个空间环境的色彩相协调，形成有机整体，便会产生强烈的美感、舒适感。相反，杂乱的色彩搭配则会使得整个家居环境变得凌乱，让人感到不舒适。作为居室主要生活用品的家具和家电产品，其色彩关系到家居色彩的统一、和谐问题，选用的色彩不同，那么展现的环境气氛也不相同。

我们可以采取对比手法来完成室内的住宅色彩设计，通过光线的明暗对比、色彩的冷暖对比、材料的质地对比等达到这一目的。恰当地运用对比手段可以有效促进家居整体环境在视觉上的和谐性、舒适性。我们也可以运用调和的方式将色彩双方通过缓冲与融合的手段组织在一块。调和的方法有很多种，如近似色、邻近色、补色的搭配等，不同的搭配方式会产生不同的室内效果，并引起心理反应。例如，近似色的搭配会产生朦胧、柔和、高度统一的效果，给人以和谐、大方的感受。补色搭配则会产生强烈的视觉冲击，给人活泼、激动的心理感受。

2.材料与质感

材料表面的组织构造称为材质（又称肌理），每种材料各有其特有的材质，不同的材质会给我们带来特有的心理感受，这种感受便是质感。换句话说，材料质感是对材料视觉、触觉等综合判断后产生的一种感觉。因此，质感包括两个方面的含义：一是视觉上的质感，即通过眼睛可看出材料的不同，如有光和无光、细腻和粗糙、有纹理和无纹理等；二是触觉上的质感，即通过触觉感受到材料的特点，如粗糙与细腻、凹与凸、软与硬、冷与热等。不同的质感给人的心理感受不一样，以舒适为目的的住宅室内环境设计，追求一种温暖、易接近且易清洁的材质环境。针对这一点，无论从材质类型还是纹理、图案上，我们都要有所考虑。

3.光环境

居室光环境的塑造对居室整体视觉效果有较大的影响，照明光线可以减弱或强化居室整体的视觉效果。同时，还可以利用灯光的光影效果对居室进行光影造型，用光影来创造居室空间环境的层次感和韵律感，营造美的家庭氛围，例如同一空间配以不同色彩的灯光会使人产生不同的心理感受。

室内光环境设计主要受到几个方面的影响：一是光照方式，即光照的位置和目的，如顶面照明、墙面照明、地面照明等。二是光源色彩，即照明光线的色彩倾向，如白色光源和黄色光源。三是光照强度与角度。无论是哪种照明组合，结合室内原有的色彩、材质、形态环境，都会产生不同的视觉效果及心理反应。如白色光源在室内的照明功能性效果最好，使人容易看清东西，但给人冰冷的感觉；黄色光源虽然对色彩的显色有一定影响，但在室内空间容易引起温暖和让人愿意接近的感受。直接照明是将环境直接暴露在光照环境中，造成视觉上的眩晕感；而间接照明则不会产生视觉上的眩光，能给人柔和舒适的视觉感受。不同环境对光的要求不同，因此我们应根据不同住宅环境需要对光进行设计。

4.热环境

空调系统的诞生保证了住宅室内空间有良好的气候和通风条件，弥补了室内温湿度和空气流通不畅给人身心带来影响。室内热环境是由室外的自然条件和建筑物的隔热性能、太阳辐射屏蔽性等建筑物性能，以及采暖和通风换气等设备性能共同作用构成的。创造室内适当的热环境，最重要的任务就是缓和或隔断外部自然条件因季节变化造成的影响，以便使室内更加舒适，更好地发挥效率。

（四）居住区环境设计

居住区环境承载了不同人群和不同类型的活动需要，如老年人的休息运动、儿童的娱乐、成年人之间的交流、亲子互动等。居住区的环境设计不仅要考虑不同人群的活动需要，更要注重提高居住区环境的舒适度与空间使用的有效性。

1.居住区居民行为类型

丹麦学者扬·盖尔通过研究总结出，公共空间中的户外活动可以划分为三大类型，即必要性活动、自发性活动和社会性活动。在此基础上，我们可以对居住区活动进一步细化分类，基本分为以下六类活动。

交往：居住区交往主要有两类。一类是没有特定的安排，如居民自主闲谈、倾听、结交等活动；另一类是有一定的组织和安排，如社区公益活动、居民相约跳舞等。

休憩：休憩是居住区活动的基本形式之一，一般指在室外公共空间进行低强度运动或放松精神的活动，主要有步憩和坐憩，如闲坐、散步、乘凉和遛狗等。

康体：在小区内进行的康体活动一般以健康为目的，如网球、羽毛球、跑步、打拳等。

文娱：这类活动带有明显的文化性和娱乐性，如阅读书籍报刊、下棋、影视欣赏等。

游戏：主要指以儿童为活动主体的行为，游戏的过程多包含儿童探索和学习的因素，比如戏水池、室外器材游戏等。在这一活动中，往往会有家长陪同，所以儿童活动往往会引起成人间的交往活动。

餐饮购物：在不少小区内，餐饮设施和日常购物环境快捷方便，居民往往以轻松愉快的心态参与进来，从而使餐饮购物等活动带有休闲色彩。

当然，以上居民室外活动并非严格区分的，存在着部分交叉和重合。

随着现代生活方式的改变，比如网络技术的不断发展，居民的人际交往、购物、娱乐等需要与人面对面交往的行为发生了很大改变，大大降低了对物质空间环境及活动设施的依赖，但是一个好的居住区环境依然可以促进居民的交流活动，比如激发居民在小区内进行更多的体育运动、人际交往活动等；反过来，较多的居民室外活动又增加了环境的生气，使得小区室外空间更好地体现出环境存在的价值。

2. 居民对居住区环境的心理需求

好的小区环境能够促使居民对所居住的环境产生一种亲密感和依赖感，这种亲密感和依赖感就是对环境的归属要求。对居民来说，产生归属感的影响因素比较多，比如生态知觉理论中提到的安全感、舒适感、私密感等。在小区景观环境设计中，我们要十分注重人们的这些心理需求。此外，不同的年龄层群体对居住区环境的需求也不一样。

（1）儿童

随着我国城市居住建筑建造模式的改变，多层和高层建筑成为城市居住区建筑的主流，这种建筑的密度大，儿童的室外活动空间相对较小，由此，当代儿童的室外活动非常受限制。所以，我们要尽可能地为儿童提供一个宽敞、安全、有趣的室外活动空间。儿童进行室外游戏活动有符合其自身年龄段的特点。

同龄聚集性：在户外活动中，儿童一般喜欢与其年龄相仿的儿童一起玩耍。例如，3～6岁的儿童多喜欢玩沙坑、跷跷板等，这个阶段的孩子年龄还比较小，一般需要家长的陪伴。7～12岁的儿童喜欢在户外相对比较宽敞的场地活动，如进行球类游戏、丢沙包等，在这个阶段他们独立活动的能力已经比较强，所以一般没有家长的陪同，主要是同年龄段的儿童一起玩耍，具有一定的群聚性。

时间性：对于儿童这一群体而言，一般在学生放学后以及晚饭前后，儿童的户外活动较多，另外，节假日儿童活动的时间也明显增多。

季节性：一年四季中，夏季儿童户外游戏的时间最多，春秋季气候条件较好的情况下，儿童户外游戏的时间也比较多，但在寒冷的冬季，儿童户外的活动时间相对较少。

（2）老年人

在居住区中，老年人占有较大的比重。退休后，老年人的生活重心从工作转向生活，开始以家庭为中心，交往对象也以居住区内的居民为主。老年人离职之后可能会产生孤独感和失落感，促使他们渴望交往和广泛参与各项社会活动，大量的闲暇时间也大大提高了这种可能性。对老年人而言，影响其居住区活动的主要因素之一便是身体健康问题，这就决定了他们在社区活动内容的选择和参与的程度。相对于儿童和中青年，老年人对居住区环境有着更强的依赖性，他们更喜欢在自己熟悉的环境中活动，所以我们也应该针对老年人居住区空间环境的设计。

（3）中青年

中青年是居住区的另一个主要群体，但他们中大多数忙于工作，使得在居住区中游憩的时间比较少，所以他们参与的居住区活动也相对较少，尤其在白天，中青年活动者更是屈指可数。对于中青年来说，他们喜欢在傍晚，一般是晚饭后外出散步、运动，有幼儿的夫妇则会在这个时间带孩子外出嬉戏、游玩，活动场地一般也选择居住区附近。

3.居住区空间设计

小区环境对居民心理的影响主要体现在空间尺度、空间限定、空间形状、色彩、质感、造型等元素的运用上，因此设计中我们应该注重下面几个方面的问题。

（1）空间比例和尺度

空间尺度的大小具有相对性，不同的人会有不同的心理感受。心理学的研究表明，高大的空间一般给人气派、豪华、庄严的心理感受，而矮小的空间一般会给人简朴、亲切、谦逊等心理感受。从另一个角度讲，大而无当的空间可能会让人觉得无所适从或不近人情，而过于闭塞的空间则有可能让人感觉封闭、压抑。如果缺乏合理的活动分区和相应设施，人们会感觉这个区域过大，这样就会使人产生空旷的感觉，空间比较离散，不具备生气，人们待在这样的空间会缺乏一定的控制感，不愿停留在这样的空间；反之，即使广场面积比较大，但通过景观小品的合理搭配和布置则会使人感到安定、亲切，从而吸引人们在广场中进行活动，这也与生态知觉理论的观点相吻合。

人们对空间大小的感受会受到其个性、文化背景、社会因素等多方面的影响，同时还与人对空间的熟悉程度和占有程度有关。不同的人对空间的心理适应程度是不完全相同的，在实际设计中要区别对待，不能用相同的标准一概而

135

论。空间的大小虽然在很大程度上取决于它的绝对尺度，但它给人的心理感受也会因设计手法的不同而产生不同的效果。对于哪种空间尺度更有利于居民在心理上形成一定的领域感，又不感觉过于封闭，要注意以下两种关系。

观赏距离与实体高度的比例关系：在居住区空间，由于居民所处的观赏距离和建筑实体的远近不同，人会产生不同的空间感受。

空间比例与空间感的关系：空间本身长宽高的比例关系对于在其中活动的人会产生内聚或空旷的感觉，从而影响人对空间的感受，使人感到封闭、舒适或开敞。

（2）空间限定

在外部空间，空间的基本限定方式主要有三种，即围合、占领以及占领物间的联系。

围合空间一般具有很强的地域性和私密性，能够给人提供一定的安全感和亲切感，是比较适合居民进行沟通的空间。围合空间可以分为弱围合、部分围合和强围合三种，围合程度是由角部空间的形态决定的。

弱围合空间是比较分散的限定，空间的中心感不强，没有明确的围合界面，视线通畅，是较为开放的空间形态。弱围合空间呈散溢状，空间的限定并不明确；部分围合对空间来讲有了一定的限定，呈现出一定的方向感；强围合则能够围合出领域感强烈的空间。在居住区环境中，较弱的围合空间一般比较适合居民参与社区公共活动，如晚间居民跳舞等康体活动；而较强的围合空间则比较适合居民进行相对私密的活动，如约会聊天等。

（3）空间形状

不同的空间形状可以给人不同的心理感受，能够改变人的行为节奏，给人更加丰富的空间体验。从整体上讲，规整的空间形状给人严肃感，而自由的形状则给人轻松感。空间的形状主要分为平面形状和立体形状。在居住区环境设计中，我们主要研究的是立体形状对人的心理及行为的影响。立体形状主要分为球形、锥形和方形三种。球形空间常常给人聚合感和向心感，锥形空间则给人方向感和上升感，正方形空间给人静态感和庄重感，长方形空间则给人动态感和方向感。

（4）色彩

在小区环境设计中，色彩是活跃、生动的元素，加上我们本身感觉和联觉所具有的潜意识，使得色彩发挥着更为重要的作用。在空间中对色彩的把握和应用，对最终设计效果会有非常大的影响。所以在小区环境设计中，要充分运用色彩联觉的知识，让色彩为设计增加美感。联觉指的是一种感觉引发另一种感觉的现象，具体到色彩设计中，主要包括以下内容：①色彩的温度感。色彩的冷暖和对比有关，整体上分为暖、冷和中性色调。无色比有色冷，白色比黑色冷。②色彩的距离感。明度高的暖色使人感觉距离缩小，而明度低的冷色则会使人感觉距离增大。③色彩的轻重感。深色和暗淡色给人的感觉重，浅色和明亮色给人的感觉轻。④色彩的面积感。在实际面积相同的情况下，色浅而明度较高的颜色会让人感觉面积更大。⑤色彩的动静感。暖色和冷色相比，暖色更容易使人兴奋，冷色更容易使人冷静。

在具体设计中，红色、橙色、黄色等暖色给人兴奋感，较易营造喧闹的气氛，适合儿童活动区的主体色调，而蓝色、绿色等冷色给人沉稳、静谧的感觉，较易营造安静的环境。

（5）质感

在小区环境设计中，粗糙的材料如天然石材、老木等，往往给人轻松、自然的心理感受，而光滑的材料如镜面、抛光砖等，则给人现代时尚的感觉。景观中材料本身没有好坏之分，关键是看哪种材料更适合营造空间氛围。

（6）造型

在小区环境设计中，物体造型比较容易突出小区的文化特色，而且鲜明的造型可以增加空间的可识别性，增加居民的领域感。造型设计实际上就是各种图形关系的整合，由格式塔心理学可知，在现实生活中，人们总是企图在知觉范围内对感知对象加以组织和秩序化，从而加强对环境的理解和适应，所以在设计中，我们要注重格式塔心理学的组织原则。对小区内诸如道路、水景、绿化、小品等元素多加推敲，充分运用点、线、面、体的组织和构成原则，在视觉上让居民有一个很好的心理感受。

二、教育和学习环境与心理学的应用

在教育和学习环境中，青少年在不同发展阶段的学习和发展的目的不同，这些目的会引发学生对学习环境的不同要求。根据年龄，青少年被划分成不同的群体。不同年龄阶段的青少年处于不同的学习和发展水平，良好的设计师可以帮助青少年在环境中开发他们的潜力。

每一个年龄阶段的孩子所处的学习环境是相对稳定的。学龄前儿童会在幼儿园生活三年，然后进入小学校园；中学生会在中学学习和生活六年。针对每一个阶段，我们应该给出不同特点的学习环境设计。同时我们也要注意，学习与教育环境中，有一部分空间涉及各个年龄阶段的孩子，比如诊所、娱乐场所等。

（一）学习环境心理与行为模式

在学习环境中，为了达到学习的目的，有三种学习模式支持学生学习新技能，它们是视觉学习模式、听觉学习模式、动觉学习模式。其中，视觉学习模式指人们通过视觉器官处理看到的和依据图片想到的信息；听觉学习模式是指人们通过听觉器官仔细地听或讨论处理听到的信息；动觉学习模式指人们通过身体的行动来处理体验、行动、触摸到的信息，以此来尝试或学习操作。

1. 主人翁身份的体现

学生对教育环境的认同是其环境归属感的重要指标。学生因为这些深厚的感觉和深层情感将自己的身份与地点相连接。因为这些情感上的关联，学生会更团结地创建集体，并生活在其中。学生对地点的感觉与文化特性紧密相连，特别表现在艺术、文学、音乐或历史等方面，通过一个个体或群体的记忆分享，实现对环境的认同。环境中如果允许加入他们空间的个性化，那么更可能开发其主人翁身份，让他们在学习过程中更积极。例如，永久呈现学生的艺术作品，校园中呈现毕业班级的照片和学生成就，呈现学生活动的照片及海报等。

2. 安全和保险

教育环境的安全和保险是学校的重要指标。大多数学校是允许外人进入的，校园方便进入会存在偷窃、危害或破坏的隐患。校园的安全和保险措施除了加强建筑设施如进入的门、灌木、篱笆等区域的监管外，还应该通过建筑尺度和围合方式来削弱环境的危害。一些专家认为，在整个设施中，分散开教师和管理者的办公室可能对提高监督更为有利，同时，这些办公室都应该有一个单面镜，里面的人可以看向外面，但是外面的人看不到里面。

（二）校园空间环境设计

校园的使用主体是师生，校园环境首先应能满足师生在校园生活中的必要性行为和自发性行为的需求。校园中的必要性行为主要包括学生的学习、生活、运动和教师的教学等行为活动。因此，必要性行为相关的室内外环境必须符合师生的生理和心理特征需要。其次，良好的校园环境可以激发师生的自发性行为，满足师生对互动性活动的需求，提升校园活力。

1. 校园室内空间环境

（1）教学环境

根据使用者教学活动的行为需要，教学环境应尺度适宜、安静，且采光、照明、通风情况良好。此外，教学环境应该满足青少年身心发育的不同需要，针对不同的学习阶段与学习方式，对教学环境进行创造。

以学龄前儿童为例，这个阶段的儿童正处于认知的形成初期，大部分时间需要在成年人的照看下活动。拥挤和封闭都会造成儿童对环境的恐惧，因此，室内空间无论在尺度还是设施上都应该降低环境密度，提供一个相对宽敞的环境。另外，学龄前儿童会经常主动地探索，参与各种社交活动，对环境产生一定的控制。为了确保一定的私密性，我们应该结合室内功能，在开放环境下组建各种各样小的空间。这些小的空间不需要固定的墙来分割，可以通过低矮的家具或不同颜色、材质的物品，以达到既有区分又有联系的效果。

儿童早期的教学环境应满足孩子对各种新奇体验的需求。通过多种形态与陈设满足孩子们的感性学习欲望，例如在环境中装饰飞机、鱼和鸟，可以帮助孩子引发对生命的联想。为了增加这个阶段的孩子对空间的理解，可以加强空间组织的逻辑性。另外，这个阶段的孩子已经进入正常的文化知识学习阶段，学习思维方法也逐渐从图像学习思维转为文字学习思维。学习环境中除了家具尺度和形式应该改变外，空间结构包括大小、形状和规模等都应该改变。一般情况下，大教室更灵活，可以容纳更多的使用功能；小教室需要考虑独立学习与小组讨论活动条件。研究表明，矩形的教室可以更好地满足独立学习的需求，墙可以移动的空间可以使老师根据手中不同的任务重新布置不同形状的房间。在设计一个教室的时候，一定要考虑这个教室具体的教学目的，比如是科学课还是音乐课。根据具体情况，设计者要考虑房间的大小、位置及家具的配置。

中学生和大学生的生理和心理发育逐渐走向成熟。这个阶段的青少年会花费大量的时间在教室。虽然学校教室是学生开展学习活动的地方，但同时也是教师保持控制和权威并不断传播课程信息的地方，我们应该关注两者对教室环境的使用和互动。矩形的房间是教室的典型布局类型，一般以教师为中心，其优势是可以保持教师与学生的最大接触，学生会一直处于教师的基本视觉区域。

（2）室内公共区域

走廊和长廊既可以作为学生公共活动的空间，也可以变为临时的学习空间。道路的曲折为学生增加了积极的社会交往的机会，也创造了空间之间的转换，还可以被利用并创造为学习的特别区域。教学区内部的流通空间需要遵循当地的安全规则，通过巧妙的设计，提供独特、有趣的活动节点，以促进社会接触。在长廊内，我们可以结合座椅和书架等环境设施，并配合多样的照明，丰富空间的趣味性，同时给刻板无生趣的空间增加光照的维度。

2.其他相关环境因素的设计

（1）光照

教室的灯光条件会影响学生的学习状态和行为。由阳光提供的照明会随着季节、时间、天气等因素的变化而变化，因此，设计者必须通过测量来控制光照对教室环境的影响。研究报告显示，学生在有更高品质和更多数量的灯光的房间表现出更高的集中水平。可以说，光的品质和数量直接影响学生的行为。光源的位置、在教室里扩散的方式都会影响学生和指导者的舒适度，因此我们要全面考虑光环境设计。

（2）颜色

学习环境的色彩使用会通过影响使用者的注意力水平而影响其态度、行为和学习理解。大多数教育环境偏好浅色的明亮房间，以提高学生学习时的舒适度，另外，跳跃的色彩会引起愉快的、兴奋的和刺激的感觉，从而减少学生旷课，提升学校与学生之间的友好关系。有设计者认为，教育环境中应该多使用中间色调，让使用者不容易受环境的影响。为了最小化对视觉的刺激，工作台区域可以使用对比性颜色，以提高工作时的情绪。

（3）温度与通风

教室的温度波动对教师的影响比学生大。研究发现，如果有空调的话，会降低教室烦躁的发生频率。温度高于或低于 72 华氏度，学生会记忆力降低，从而证明学习的最适宜温度为 72 华氏度。当温度超过 80 华氏度的时候，呼吸量会增加，身体活动量下降，学生的工作效率和生产水平会明显降低。相反，环境温度舒适的时候，人的精神活动更有效。所以，设计者必须考虑温度的管理。

关于温度的另一个主要问题是，室内缺少足够的通风设备或空气不流通时，会干扰人体驱散热量的能力。温度和通风依赖很多因素，包括建筑的结构和材料、玻璃上釉的量、空间的大小和体积、居住者和他们活动的量。为了保证居住者的舒适程度，操作系统必须灵活，设计者应该考虑在房间中设置独立的控制。

（4）声学和噪声

过度的噪声对学生学习有消极影响。教室的噪声主要来源于回声、内部噪声、外部噪声。回声发生在声波反弹或反射在硬的表面时，硬的表面会反射声音，而柔软的表面会吸收或散开声音。外部噪声主要来源于机器，包括汽车、卡车、公交、火车、飞机等机器设备。因此，教学楼应该远离交通干道、飞机场和铁路。设计者应该在教学楼的基本区域和噪声污染之间使用植被，因为它们可以吸收噪声和微粒物质。房屋中绝缘声音的厚墙也会阻挡外部声音的传递。内部噪声主要是教学活动或课外活动中所产生的声响，如说话、音乐、叫喊等。进行建筑内部设计时，应该考虑到房间或区域的隔音，在需要特殊音效的环境，应结合室内整体设计进行声效设计。

三、办公环境与心理学的应用

任何可以开展工作的环境都是一个工作地点，无论是餐馆、住宅还是办公室。任何职业都有相应的工作地点，办公环境中行为习惯不同的人坐在一起，为了同样的目标工作很多小时。因此，我们要对它的设计特殊考虑，从而营造团结统一的工作氛围，避免发生影响生产效率的情况。

当代的劳动力由不同年龄、不同文化程度和不同体力的人组成，针对不同劳动力，需要设计不同的工作环境。随着科技水平不断提高，现代办公环境变得更加灵活。

（一）办公环境中的行为与心理

办公环境中的行为由特殊的工作关系和工作方式组成，不同的工作关系和组织结构会形成不同的人际心理与工作感受。

1. 团队组织结构与环境

传统的办公环境是从工业时期发展起来的，那个时期的团队组织结构官僚化，工作关系按照从普通工人到管理者再到企业负责人划分等级。等级水平的级数取决于公司的规模、结构和目标。现代科技时代等级结构失去作用，合作式公司结构被开发，出现诸如综合的、民主的、自我管理的团队结构。在这种形式的工作环境中，各种技能的雇员在一起工作。

无论人员组织结构是哪种类型，这些结构下形成的办公行为都影响了办公环境的创造。例如，等级制组织结构公司，无论是办公室的大小还是位置，都会因为等级关系和命令被连接起来。合作型的公司结构，环境会更加开放，办公场所会形成各种平行的工作区域，方便员工相互沟通与合作。

2. 办公室文化与环境

所谓办公室文化，是办公环境中人际关系的行为准则，是集体信念和价值观的概括。办公室文化的好坏直接影响员工对工作环境的满意度，更会影响其工作效率。同样，办公室文化可以支持并鼓励友好的竞争与合作，也可以通过不公平和恶性竞争形成一种恐惧、嫉妒的人际环境。另外，办公室文化除了影响员工的环境行为外，还直接影响办公环境的创造。根据不同的文化特征，设计师要选择合适的方法来使环境复合并促进它的产生。

一个积极的办公室文化和办公室环境对提高员工忠诚度起到积极作用。办公环境大多是一个半公开的空间，整合了社会系统和行为习惯。办公室文化的环境指标包括照明、色彩、美学视野、保护隐私的水平和办公用具的质量等。当设计者确定了一个公司的办公室文化，并确定了公司是否有相应的调整后，设计师就应该从空间结构及室内视觉环境上对其进行全面考虑。

3. 健康与环保

人在解决了温饱后的第一需求就是健康需求，对于现代办公人员来说这也是基本需求。随着时间的推移，非环保的办公室环境会带给人们诸多副作用如"大楼综合征"，因此人们开始对办公室内环境的环保提出明确要求。作为环境创造者的设计师，无论是在材料还是绿化环境的设计中都应充分体现环保理念。

（二）办公环境设计

1.空间设计

针对不同类型的公司与公司组织结构，要设计出不同形式的办公空间。无论是开放型还是封闭型，都各有好坏，关键是看它是否适合公司的工作形态。

（1）蜂巢型

这是电话行销、资料输入和一般行政行业最常见的办公环境，工作人员之间互动较少，员工自主性也较低，因此蜂巢形空间设计属于典型的开放式办公模式。

（2）密室型

密室型工作形态是密闭式工作空间的典型，工作需要高度自主，适合不需要和同事进行太多互动的办公环境，如大部分的会计师、律师等专业人士的办公室。

（3）鸡窝型

团队在开放式空间共同工作，互动性高，但不太适合高度自主性工作，例如设计师、保险处理和一些媒体工作的办公环境。

（4）俱乐部型

这类办公室适合既需要独立也需要和同事频繁互动的工作。同事间以共用办公桌的方式分享空间。这样的办公室没有一致的上下班时间，办公地点可能在顾客的办公室，可能在家里，也可能在出差的地点。广告公司、媒体、咨询公司和一部分管理顾问公司都已经尝试使用了这种空间设计方式。

办公室环境的个性化是个体对环境的满意度、幸福感和整体工作满意度的重要指标。相较于男性，女性更乐于让她们工作的地方个性化。男性经常用与地位相关（如学位证书、荣誉、奖杯）的物品来装饰工作空间，女性更倾向于用与个人生活相关（如朋友、宠物和家族成员的照片）的方式来装饰她的工作空间，这种不同展现了从竞争到融合的转变。不管用哪种方式来表现个性化，都是人们归属感的需求，都会直接影响员工的环境参与度。

2. 色彩搭配

色彩搭配是办公室环境设计中非常重要的环节，因为颜色对视觉的冲击是最大的。以前人们单纯地认为办公室的环境是理性的、安静的，所以淡蓝色最常见，而当代办公室的颜色变得丰富了，因为这样会提高现场环境感，特别是当加入个性化的色彩后，办公室环境更为动态，并富有生机。设计师 Joey Ho 利用物流行业本身的独特性质和运作程序，提出了一个适合物流公司的办公室作息生态。为强调以"联系"作为设计的重点，设计师在办公室室内采用货柜的造型，用蓝白两色分别代表"海运"和"空运"，鲜明地引出公司的背景性质。

3. 照明设计

办公室照明设计的好坏是办公环境设计成败的关键，因为它直接影响办公活动的效果。在办公室环境中要有令人舒适的照明，除了要照得亮，更要照得舒服。为达到这个效果，我们需要注意如下几点。

第一，"不反光"是舒服的第一要素，即没有刺眼的眩光。为此我们应该注意环境中反光材料的运用，在有反光设备的区域（如电脑显示屏）做一定的照明处理，以减少反光对眼睛的刺激。此外，所有的光源应有遮蔽和眩光保护功能，避免眼睛受到灯管或灯泡的强光的照射。

第二，照度均匀。国内办公照明环境特别偏好"明亮冷静"的气氛，大量采用日光灯管，照度通常超过实际需要。但高照度会给人以不适感，尤其是照度在 1000Lux 以上时，23% 的人会抱怨受到反射的困扰。办公室环境下，阅读时的全面照明与工作照明必须一起使用，以免产生强烈对比。

第三，要善用暖色营造气氛。主导光源的颜色色温数值愈高（超过 6500K），光愈偏向蓝色，会营造较冷静的氛围；色温愈低，光愈偏近烛光的黄红色，愈能舒缓情绪。常有人认为，暖色光会导致工作效率不佳，但不失真是暖色光的优点，暖色光可让环境与物体色彩看起来更逼真。

第四，因地制宜，根据不同地点选择亮度不同的光源。因为年龄对明暗的需求不同，最好是每个独立空间有开关，大型办公区域可分隔成若干区域，以利于单独控制。

4. 噪声

办公环境的舒适性，在一定程度上受听觉环境的影响。办公环境里人员嘈杂，各种活动都会产生不同的噪声，会对人造成干扰，严重影响工作效率。因此，在办公环境中，我们应该特别注重对噪声的控制，可以通过改变建筑空间、使用隔音材料实现这一目标。天花板的角落和吸附材料最具控制声学的潜力，而设计人员也可以使用分区和特定的绝缘材料来减少办公区域的噪声。在大的开放空间中，我们可以考虑设计适合房间形状，变化天花板的高度，减少使用坚硬、光滑表面的材料，来达到减少噪声的效果。

5. 空气流通

办公环境不能自然通风时，我们需要考虑通风换气系统的设置。以天花板和吊顶为主的通风环境，用风力太大的通风系统会导致明显的空气流动，这反而会对员工有不利的影响。由于性别的差异，男性比女性更容易感觉热，这是因为男性有更多的肌肉和较高的体温，且心脏速率比一般的女性快。虽然现代的流行趋势允许更多的休闲装，但是办公着装一直要求男性比女性穿得更多。这些条件导致满足男性需求的温度对女性来说是寒冷的，而以女性为主导的温度环境，对于男性来讲较热。因此，设计师应该为每个办公室或隔间指定恒温的控制，让每个人都有自己恒温的舒适区。

四、娱乐休闲环境与心理学的应用

娱乐与休闲活动是人类生活的重要方面，它能让我们缓解日常生活和工作的紧张情绪。现今社会，人们的娱乐与休闲方式多样，根据不同的消费水平，从刺激性的极限运动到街边的闲聊，每个人都有自己独特的娱乐与休闲方式。但从普遍层面来讲，现代城市内主要的室内休闲娱乐活动集中在酒店、购物中心与城市娱乐场所（如餐厅、酒吧、卡拉 OK 等）；户外则包括了商业旅游景区、公园等。在这里，我们将重点讨论城市室内娱乐休闲环境的设计。

目前城市娱乐休闲场所往往是具备多种休闲娱乐活动的综合环境，可能是室内外相结合的场所，也可能是在同一个环境下包含所有娱乐活动的城市商业综合体（如万达广场）。但无论是独立的娱乐休闲场所还是商业综合体，都可以根据人们的消费动机与行为，判断其在娱乐与休闲活动环境中的喜好。我们可以发现，不同年龄阶段、不同收入水平与不同的消费习惯形成了人们对不同休闲娱乐活动场所的偏好，最终影响休闲娱乐场所中不同的休闲娱乐消费过程与行为。下面以酒店与购物中心为例，为大家介绍根据环境心理学展开的娱乐与休闲环境设计。

（一）酒店环境设计

酒店目前国内外较为重要的娱乐环境。根据不同的消费目的与不同的所在环境，酒店被分成了多种类型。按消费水平，酒店被分为青年旅馆、经济型酒店、豪华型酒店等；按消费目的和行为，酒店被分成商务型酒店、旅游度假型酒店等；按艺术氛围和生活方式，酒店又被分为精品酒店、主题酒店等。因此，我们可以发现，根据消费者不同的消费意愿，酒店的环境及功能有很大的不同。为了吸引并留住顾客，酒店环境设计必须关联游客的感受，给顾客提供日常生活的所需。此外，还要对特殊使用群体予以考虑，如老人、孩子、残疾人与宠物等。

1. 酒店顾客消费心理与行为

在酒店消费的顾客大多来自五湖四海，他们的消费目的直接影响其对酒店环境的需求与行为。绝大多数的酒店消费者为旅游、商务、探亲、购物、会议与学习等。由这些目的所引发的消费行为也不一样，有观光型、娱乐消遣型、医疗保健型、短途旅游型等。同时，酒店消费者的行为还受文化因素、社会因素、个人因素等方面的影响，这些因素会对酒店环境提出不同的要求。另外，酒店消费者会以不同形式参与到酒店环境的使用中，有以个人为单位的，还有以群体为单位的。

不论是哪种类型的消费者，对酒店环境的心理需求基本可以归纳为以下几个方面。

（1）情感归属性

酒店环境中的情感是通过对环境的体验产生的。也就是说，对环境的体验，必然伴随着某种情感。因为酒店的使用者大多来自五湖四海，不论是出于什么目的，停留的时间都不长。大多数人希望能在酒店的居住环境中获得"家外之家"的感受，这就要求酒店既有家的温馨，又有与家庭环境不一样的感受。

（2）舒适性

休闲是对日常生活的升华，人们希望在休闲中得到身心放松和精神满足，因此对环境有着比较高的舒适性要求。休闲的舒适性不等同于奢华和享受，并不以物质条件作为唯一的评价标准，这里的舒适性讲究的是完成个人自我实现的可能性和便利性。一般而言，休闲的舒适性在气候、日照、噪声、污染、视觉干扰等方面，都有一些可以量化的评价标准，体现在小气候环境的创造上，如北方城市要求争取保暖、日照，南方城市则力求通风、避雨。

（3）个人性

人们对酒店环境的选择是根据个人的文化背景、品位和情趣来进行的。这种选择一方面是对环境舒适性的追求，另一方面是对个性化人格特征及生活方式的追求。体验总是因人而异的，对同样的事物，不同的人总会形成不同的体验。在现代工业化环境下生活惯了的人，在到另一种居住环境时，更会追求其"差异"所带来的个性化环境感受。

（4）静默性

酒店环境中的静谧性是指人对内心安宁的追求，在这种状态下，居住者除了特定的行为（如商务活动）外，并不需要刻意地参与某种活动，也不需要在某个社群之中。人们的身心从原来的生活环境中解脱出来，得到彻底的放松。为了满足休闲者对于静谧性的需求，休闲型的酒店内通常会给休闲者提供一个私密的活动空间，在这里可以不受干扰。

（5）人文性

追求人性的关怀和文化的满足感也是休闲行为的一种重要心理。休闲区别于普通的休息，表现为对精神的更高层次的追求。一方面，消费者在酒店环境中通过与环境和人的互动交流，得到人与人之间的关怀。另一方面，人们还希望通过不同地点的转换，了解不同地域的文化与风土人情，改善原有生活单调与乏味的状况。

（6）安全性

安全性是人对环境的基本需求之一，人只有在安宁舒适的环境下才会产生休闲的欲望，同时，人会下意识地规避那些看起来有威胁的地方。安全性心理引申到活动中表现为，人在公共交往中都有个人的安全尺度，也称心理空间。在商务酒店中，人们之间的安全性心理尺度可能会大于休闲型酒店。因此，我们需要根据酒店的不同类型来把握安全性指标，拿捏好开放与私密的尺度与关系。

（7）趣味性

环境的趣味和交往的趣味是休闲的重要心理。离开家庭环境的人总是希望通过环境的变化来让自己的生活更加有意思。在具有一定趣味性的环境中，人们可以体验到不同于一般生活的享受，这种体验有视觉上的也有心理上的。空间的趣味性体现在别具匠心的空间设计和充满关怀的细节设计上。

2.酒店环境设计

（1）酒店空间环境设计原则

现代的酒店空间环境一般采用的是全方位、整体化的设计，除了形式美，设计师更要深入了解酒店的定位及开发目的，根据不同的需求进行环境设计。根据目前多元化的消费需求，酒店除了具有吃、住、购物、休闲、娱乐、社交等多种功能外，更重要的是准确、体贴地满足消费者的需求，实现细化的分工服务。所谓分工明细化是针对不同的消费群体，做"人性化"的设计。

第一，创建适宜人体的空间尺度和空间环境，将一些建筑物理条件，如冷热、明暗、闹静、大小、高低等，控制在舒适的范围内。空间设计应该以亲切宜人、促进交往为导向，制造符合形式美学的建筑空间。均衡的、明快的、前进的、完整的空间感受会给人积极的心理引导，促发积极的探索行为和休闲行为。把握建筑的节奏、韵律、色彩、比例来创造符合人审美心理的建筑空间，是一种普遍的建筑设计原则。

第二，创建符合人文心理需求的空间，提供文化体验和认同感。酒店环境设计的目的之一是提供舒适与休闲体验的环境，使人获得心理上的满足。除了消除疲劳感外，人们还希望通过环境获得精神上的收获。现在的很多酒店在设计时都不约而同地融入地域特色、生活方式、艺术审美等特性，使酒店环境具有了很强的人文气息。

第三，创建可以自由参与的空间，发挥人的创造力和主动性。人们在日常生活和工作中积累了很多压力，追求自由和梦想一直是人们的理想，这是休闲、娱乐的隐性需求之一。因此，酒店环境在设计时应该考虑到不同人的需求，尽可能地创建可以自由发挥的空间，帮助人们释放压力、实现自我价值。

第四，重视边界空间，考虑作息空间设计。除去个人独处的时间，人在公共环境下会促发随机交流的行为，这些交流是休闲的内在需求。另外，人在休息时会主动寻找场所的边界和一些袋型小空间。因此，在公共空间设计时，要有意识地在场地的边界设计一些内向型的半开敞空间，从人的交往需求角度设计休息场所，使人既能得到休息又能在不经意间促进交流。

第五，重视细节和小空间的营造。除了上述空间设计的原则外，室内环境细节也是重要的人性化表现。

（2）色彩环境

酒店的色彩环境设计应该结合设计定位及设计风格整体创造，但视觉舒适性是酒店色彩环境设计的原则。首先，酒店环境中的色彩搭配应该根据酒店的类型来决定，如商务型的酒店中简约、和谐的暖色调会更适合有商务工作需求的人，因为温馨的暖色调可以减轻工作的疲劳与压力，又不至于干扰视觉。其次，酒店的色彩搭配应该根据设计主题来决定，如儿童主题酒店的应该选择符合儿童心理的色彩及图案，以满足儿童对环境的需求。最后，酒店的色彩应该符合地域特征，让室内环境设计与环境融为一体，如热带海滨度假酒店与民族特色酒店。

（3）光环境

酒店室内空间大多是封闭的，接收到的自然光比较少，室内光环境主要以人工照明为主。酒店空间的功能较多，空间类型复杂，形式多样，不同功能区域又有不同的照明要求，没有固定的模式。根据酒店室内照明目的的不同，大致可分为两类：一类是室内功能照明，以满足人工作时的视觉要求为主；另一类是室内环境照明，以周围环境为照明对象，并以舒适感为主要照明目的，满足人的视觉对环境照明的需求。一般情况下，酒店室内照明以功能性照明为主；环境照明既可以为表现某种空间及材质而存在，属于从属地位，也可以是空间环境艺术营造的一个主要元素。对于不同目的的照明，设计的要求有所不同。从本质上来讲，酒店的环境照明需求来源于空间使用者，如何让使用者有满意的视觉效果与视觉工作环境是酒店照明设计必须考虑的问题。

（4）声环境

酒店作为旅客逗留、住宿和休闲的场所，必须能够为旅客提供优美安静的居住环境。一个富丽堂皇但嘈杂不堪的酒店，不仅会影响旅客休息，也将大大降低酒店品位和档次。

酒店室内声环境的研究对象包括噪声控制和室内音质设计两个方面。室内音质设计的优劣不仅取决于客观的声源（包括自然声和电声），也取决于室内装饰对声波吸收和反射后形成的声场。酒店环境中主要有三种噪声：①交通噪声，主要指机动车辆等交通工具在运行时发出的噪声。这些噪声的噪声源是流动的，干扰范围大。城市内的商务型酒店多在市中心交通便利的繁华商业地带，因此室内的声环境难免会受到室外交通噪声的影响。②工业噪声，主要指机器和高速运转的设备，如电视机、洗衣机等各种电气设备的嘈杂声。③生活噪声，主要指人们在社会活动中产生的喧闹声，如说话声、鞋跟撞击地板声等。

除客房外，酒店空间中对室内声环境要求较高的场所有宴会厅、会议室、多功能厅等大型的空间。这些空间除了要减少噪声，更重要的是对厅堂的体量以及室内的装饰材料进行设计，根据室内声学研究的室内声波传输的物理条件和声学处理方法，保证室内具有良好的听闻条件。这些大型空间既要增强声音传播途径中有效的声反射，使声音能在建筑空间内均匀分布和扩散，以保证每一个受声处都有适当的响度，还要合理布置各种吸声材料和吸声结构，以控制适宜的混响时间和频率特性，防止存在回声和声能集中等现象。现代电声技术的发展可以弥补室内建筑设计的不足，营造出适合不同用途的声场氛围。电声系统可以增强自然声、提高直达声的均匀程度，还可通过控制系统实现人工延迟、人工混响等提高音质效果，提高自然声在会议室、多功能厅等大空间的使用效果。

（5）热环境与空气质量环境

现代酒店空间多数是密闭的空气环境，通过各种类型的空气系统进行人为调控。影响酒店热环境的因素不仅包括室内温度，还包括局部空间的空气温度、湿度、气流速度和热辐射等。因此，在设计之前有必要对湿热环境做研究。另外，人体对热环境的感觉还与感觉主体的情况密切相关，具体包括人的种族、性别、年龄、情绪、活动情况、衣着情况等多种因素。这些因素的变化影响人体以辐射、对流、汗液蒸发三种方式向环境散热的数量，引起人的热（冷）感觉。热环境变化超过人的热舒适限度时，小则影响工作效率，大则影响人的健康。酒店通过机械的方式送入室外新风，排出室内的废气，以此来维持室内的空气质量。

（二）购物中心环境设计

随着社会生活水平的不断提高，购物已不只是满足人们基础生活需求的行为，除了购买日常生活用品，现代复合型购物环境已经将餐饮、娱乐、健身、服务等多种功能融入购物空间中，让购物中心成为我们开展休闲与消遣活动的重要场所，同时让购物活动变得更丰富，更让人心情愉悦。

1. 购物者的行为分析

来自美国的城市规划专家凯文·林奇通过观察和研究发现：一部分购物者进入购物环境时具有明确的目的性，但绝大多数购物者实际上并没有目的，消费过程中的行为相当不确定。研究还发现，人们来到商业空间后，伴随着休憩、餐饮、娱乐等各类活动的发生，受特殊的商业环境氛围的影响，无论是有目的还是无目的，都会做出随机的购买决定。

（1）购买时间

购物者的消费时间会受消费地区、季节变化、商品性质以及购物者自身空闲时间等众多因素的影响。一般来说，城市购物者外出消费多集中在周末和节假日，农村购物者消费多集中于集市日。季节性消费往往会略微提前于自然季节。考虑购物者自身因素，购物者一天中的消费时间多集中在9：00—11：00、18：00—20：00两个时间段，因此，商业建筑的交通与内部流线需要结合忙闲时间段进行设计。

（2）购买地点

在影响购买地点的诸多因素中，最主要的是购物者购买的商品种类。由此，我们可以根据购买地点的不同将商品划分为以下三大类：①日常消耗品。此类商品仅是单一功能要求，购物者购买这类商品尽可能花费较少的时间，因此，销售这种商品的商店多以超市或便利店为主，选址尽量接近购物者的居住地。②高品质耐用品。这类商品以规模较大的商场、购物中心等为主，除了功能要求外，更重视其质量要求。③时尚奢侈品。这类商品的购买地点一般为设于城市商业中心繁华地段的品牌专卖店，购物者在购物的同时可以获取与该商品有关的更多时尚信息。

2. 购物者的心理分析

购物者的自我需求一向是刺激商业购物空间不断发展的内在动力。对设计者来说,在设计购物空间的内容和形式时,应当把购物者不同类型的需求放在重点考虑范围。这里所讲的需求主要包括购物者的生理和心理需求。

（1）价值观

面对物质生产丰富、物质条件发达的社会,购物者对自己所需的商品有非常大的选择余地,购物者对商品的质量、品质要求日益增高。因此,购物者消费目的的改变正在引导着商业购物空间进行调整,尤其是互联网商业时代的到来,使得现今的消费模式逐渐变化,以往的仅仅满足日常生活需求的固定型消费模式在不断地变为情感型消费模式。与之前传统型"销售—消费"关系的商店相比,商业购物空间囊括了更多的信息交流、文化展览等相关的综合空间。

（2）心理需求

营造一种亲切舒适的购物空间环境,可以给购物者留下好印象,更能激发购物者心中的购物欲望。由心理学原理可知,消费欲望主要取决于外部信息给大脑带来的刺激,而消费行为取决于商品和空间环境是否让人蠢蠢欲动、是否让人流连忘返、是否让人终生难忘。

近年来商业生活中的购物行为已经不单单是商品—货币交换的行为模式,而是通过购物实现生活娱乐、互动交流与自我满足的体验型模式。购物者进入商业活动空间之后所进行的活动并不只是购物,还有一系列在餐厅、电影院、茶座等场所的另一种消费休闲活动,这类活动不属于商业活动的主要内容,也不能替代购物消费,但它们是营造整个商业空间的活跃氛围、辅助购物消费的重要内容。把握购物者这种青睐体验式购物的消费模式,是目前商业购物空间设计的发展趋势和研究方向。

（3）消费动机

我们将购物者为了满足自己的某些需要而产生的消费行为的意念,称之为消费动机。我们可以把购物者的购买动机分为三种:第一种为确定购物型,这类顾客抱着购物愿望而来,有明确的消费目的,所以购物路线往往比较清晰;第二种为计划购物型,他们有购物意向,但没有明确的目标,对商品持观察态度;第三种为冲动购物型,他们在进入商业空间之前没有明确的购物目标,而商业购物空间环境可以为他们提供丰富的信息和服务,增大他们产生购物欲望的概率。

3. 购物环境设计

（1）空间设计

对于商业购物空间，它的重点研究对象是消费者，以体现多内涵形态、符合多主体需求。购物空间的设计不单单要考虑面积、体积和功能，更要考虑如何回归到事物本身——购物者商业活动的具体内容。一个好的购物空间环境设计应当可以使购物者不仅享受于购物的过程，更能领悟到自身存在于这个环境的意义与归属感。

如果用理性的方式表达，商业购物空间的环境应具有以下特征：①层次性，换句话说就是指购物空间内部组织中的秩序感，它通过空间的排列和过渡的关系来确定层次，进而形成空间序列。也可以指购物者心理对待一种空间性质的感受，如通过柜台的摆放、流线的组织等来确定层次。②信息性，指购物者在商业空间内所能接收到的有用的信息。购物空间的信息性包括空间的排列和组织变化所展示的场所导向性特征、广告指示牌、营销内容等各类信息，它们共同起着引导购物者进行消费的作用。③领域性，购物者在购物、休憩或交往过程中，有时会希望暂时拥有属于自身的活动领域，在一定范围内与他人区分开。④可辨识度，这里指购物者对商业购物环境的空间关系、建筑结构等要素的理解力和可识别性。简单地说它有两点要求：一是商业购物空间的形式或组成元素应有自身特色；二是空间交通流线应方便购物者定位。也就是说，购物空间的环境设计要满足购物者的安全感以及对所处空间的控制感。

（2）色彩设计

在购物环境中恰当运用色彩的灰度、明度、彩度等特性，使各个颜色协调统一地反射到购物者的视线，不仅可以突出展示重点商品，还可以控制购物者的情绪。不同的色彩给购物者带来的感受也各不相同，在购物空间氛围的营造中，色彩的基调是由空间主题而确定的。大多数商业购物空间往往使用明度偏高的中性色彩作为背景色，在整体基调的把握中保持"从明弃暗、从简弃繁、从淡弃浓"三原则。大面积的高明度、高彩度的色彩难以协调，而且容易形成视觉疲劳，难以与商品搭配，所以在设计中选择色彩要慎重。当然，一些另类、个性主题的购物空间为形成视觉上的刺激，可考虑彩度高的色彩搭配。再者，选定背景色彩基调之后还需考虑进行其他点缀色彩的调和，此时就可以色彩构成中的理论为指导，营造丰富的购物空间效果。

（3）光环境

在购物空间的实际设计中，一般会通过自然采光和人工打光两种方式予以购物空间新的定义。利用自然采光是一种有效营造空间氛围的方法。当今，人们生活在科技发达的世界，越来越渴望大自然，所以把阳光引入购物空间是一种贴近购物者心理的手法，使购物者能够充分享受购物空间带来的轻松舒适感。人工采光给购物者带来的心理感受更是丰富多样，营造的商业购物环境也更别致独特。

（4）材质

把握材料的特性是借材料营造空间气氛的关键。灵活运用材料的质感来构筑空间，不同的材料材质拥有独特的表现力。材料和色彩也是密不可分的，材料承载色彩，色彩衬托材质，设计师在选择材料的同时，也应考虑色彩的搭配。

（5）空气质量、温度环境控制

保证良好的空气质量以及适宜的温度要注意三点：一是，控制空间内的粉尘量，因购物空间环境相对封闭，来往人群多，粉尘成分也会比较复杂，设计时要注意装饰材料起尘的可能性和送风口的卫生。二是，保证空间内的通风效果，需将人群流量考虑进通风设计中，并合理安排通风口的位置。要最大限度地创造自然通风的条件，这是一种节能低碳又健康的通风方式。除了建筑构造上的要求，在购物空间室内可通过设置隔断的手法控制自然通风的方向和速度。三是设计中要通过采用遮阳、空调、保温和隔热等措施使购物空间维持适宜的温度。

（6）听觉环境控制

合理控制噪声、保证正常声音的清晰度是在购物空间中对听觉环境控制的两个要点。根据我国商业购物内部空间的声环境情况，购物者聚集的地方噪声强度已经高于国家对"安静环境"所定的35～40分贝这个标准，所以长时间待在噪声强度高的购物空间，容易使人产生焦躁不安的情绪。

（7）嗅觉环境控制

购物者是一个人员复杂的群体，在近乎封闭的商业购物空间，容易产生令人不快的异味，轻则破坏购物者的消费情绪，重则损伤购物者身体健康，影响其神经系统功能。设计师可以通过自然手法，如利用植物实现清新空气，也可以通过物理化学手法进行竹炭除味，为购物者营造一个健康的商业购物空间。

五、医疗环境与心理学的应用

医院是人们患病后就医、治疗和康复的特殊空间，它同时兼有两种主要行为，其一为医疗行为，其二为康复行为。医院的医疗行为因疾病种类、年龄、性别差异，有不同的医疗措施。医疗康复行为因病情和体能、心态差异很大，有的病人生活完全可以自理，有的需要借助某些工具，有的需要依赖专人护理（我们这里讨论的主要是普通常见病医院，暂时忽略特殊病症的专科医院）。

长久以来，医院一直被视为单纯提供医疗活动的空间，医院环境往往显得冰冷、严肃、没有人情味。在这样的环境中，病人因受病痛的折磨，对环境的满意度极低，陪护人员与医疗工作人员也因为环境的单调而感到疲劳与烦躁。随着医疗服务向生理—心理—社会医学的模式转变，人们开始用"医疗环境"这个术语来描绘、评价和设计医院的环境空间。所谓"医疗环境"，是指人们对于医院空间所产生的心理、生理和社会意识的综合评判。这个术语中包含了对整体概念中的"人"的关切。为使用者考虑，现代人性化的医疗环境需要充满温馨感，让患者、家属及医疗工作人员在自然、温暖的环境中减少压力和焦虑，促进环境与医疗行为的健康发展。

（一）医疗环境中的心理与行为

医疗环境的使用者主要有病患、病患陪护、医务人员。由于动机不同，他们在医疗环境中的行为及心理都有所不同。

1.患者的内在心理及行为

由于每位患者以不同的方式观察不同的环境因素，因而服务着眼点就不同。每位患者对环境满意与否，要受个人心情、爱好、期望值的影响。患者通常以两种方式对环境因素做出反应，即情绪和认知。引起情绪的生理反应是机体对冷热及其他感觉效应做出的必要反应，是指大脑对环境因素做出信息加工后的重要结果。认知反应主要是患者基于以往的经历而对环境的期望，人类认知过程中共有的倾向是将以往所看到、所做及所经历的事物在新环境中找到相似点。如果患者看到的是一个清洁、装饰良好的候诊室，候诊室还提供近期的杂志及咖啡，那么他们就不会太在意有没有电视。越熟悉的环境，患者不愉快的体验就越少。患者能对环境因素做出情感反应，医疗机构要想得到理想的患者情感反应，就必须创造出有益于患者身体康复及心理满意的环境因素。

患者往往因对疾病的恐惧而忧虑，这种病痛会加大对环境的生疏感，感觉陌生、孤独，感情上表现出敏感和脆弱。因此医疗环境必须起到减少病人的痛苦和反感、唤起病人内心的快乐和对生活的乐趣的作用。环境应该安宁静谧、清洁卫生，同时需要有一定的私密性空间，使患者有被尊重的感觉。

2. 医务人员的内在心理及行为

医务人员是环境因素的重要组成部分，衣着整齐、精神饱满、服务热情周到的医务人员可以营造良好的服务氛围。医务人员的态度及行为直接影响患者的满意度及医疗质量，而医疗环境又在一定程度上影响医务人员的服务态度。首先，医护工作人员希望工作环境安静舒适，以减轻繁重的工作压力，所以医疗环境应柔和、协调，有利于工作情绪稳定、减少不安和疲劳。其次，应有适当的休息、交流与娱乐空间。工作场所应有一定的私密性。为了给医护人员营造良好的工作环境，避免医护人员与病人的交叉感染，医技科室和急诊部应尽可能按照医患分流的模式进行设计。装饰材料应无毒、无味、防霉、防尘、易清洗。

3. 探诊及陪护人员的心理及行为

探诊及陪护人员是病患的重要支撑，他们除了要照顾病患外，还需要在医院内部陪同病患完成多种治疗与检查，并独立处理医疗过程中所需的医疗手续，如挂号、缴费、咨询等。探诊及陪护人员也希望医院环境对他们的心理与行为有良好的帮助，例如他们希望医院空间导向明确，环境中设有等候休息空间；与病人谈话有一定的私密性保障，可以较为方便地使用电话；环境中设有餐饮设施；有空间可供停留，以方便昼夜陪伴病人。探诊人员与病人的交往共享空间应该冬暖夏凉、动静相宜、分合随意、探休共用，这些都能在一定程度上缓解探诊及陪护人员的紧张感与疲劳感。

4. 影响医疗环境的其他心理因素

（1）压力与地方依恋

压力和地方依恋是人们在医疗环境中存在的主要问题。压力是对不良刺激的生理反应，包括身体的和心理的，此外，内部或外部的环境也会影响一个人的幸福感。对于病患，疾病是压力的主要来源，当人们生病进入医疗机构的时候，压力开始增加。当与地方依恋的联结被切断时，更会增加这种压力。所谓地方依恋是人和特定地方的情感连接。人们的地方依恋主要表现为对一个环境的理解和认知及对此环境做出情感反应。人们因为疾病被迫离开他们的家，进入医疗机构时，这种被打断的地方依恋情绪所带来的压力和焦虑通常会增加。

一个能缓解压力的环境是非常重要的。对于许多人来说，住院的时候，除了自己的疾病，什么都变为不可见，患者主宰自己健康的渴望被降低了。高水平的压力，特别是随着时间的推移，可能带来毁灭性的心理和生理效果，其中包括抑郁症。因此，我们要关注环境对压力和依恋心理的影响。

（2）安全性

安全性包括两个方面，一方面是对于病患的安全保护，另一方面是对于医务人员的安全保护。由于病患的患病程度不一样，病患在使用正常规律的用品和空间时会出现这样和那样的安全问题，比如残疾人无法使用正常高度的室内用具，日常生活需要支撑或保护等。在这样的情况下，我们需要在安全问题上对病患治疗和生活的环境予以考虑，提供一定的安全保护措施。

医疗环境中，很多病人无法控制自己的行为，医患关系的紧张也会影响到医务人员的人身安全。如何保证医务人员不被侵害，以及在侵害时医护人员如何利用环境有效地自救，这都是设计师应该考虑的问题。例如急诊室是最易受攻击的场所，设计师可以考虑将治疗区和等待分开区，为医生设置独立通道等，保证病人和医疗人员的安全性和私密性。

（二）医疗环境设计

医院被认为是真正的"病人中心"，患者来到医疗机构不仅因为他们的健康问题，还基于某种期望、信念等因素。在医疗环境设计的过程中，不仅要了解医疗过程、管理体制，更应该了解病人和医疗工作者对环境不同的需求。

1. 医疗环境室内空间设计

医疗室内空间是多种就医人员与多种医疗内容的集合地，其空间组织的条理性与明确性对使用者的行为影响很大。医院良好的总体布局会使患者对医院总体环境有一个明晰的概念，表现在患者可以通过各栋建筑上的各种标志牌，迅速地找到门诊综合大厅及各个科室的入口等。

（1）空间的有序性

在日常生活中，人们经常会按照从大到小的区域层次来寻找一个目的地。为了加强环境的易识别性，一个建筑群或建筑物可以布置成一系列从大到小的区域，区域之间应有清楚的标志物。以目前先进的"医疗街"设计理念为例，将各科诊区集中布置在大厅周围，利用共享大厅，沿"医疗街"两侧组织各诊区和竖向交通。在这里就诊的病人进入共享大厅后，能很快地分散至各科候诊空间。门诊大厅不仅是挂号、收费、取药、问询等集中的场所，也是联系各诊断科室的交通枢纽。大厅内布置楼梯和电梯，可方便地与上层各科诊室取得联系。各科室的候诊厅作为公共空间与私密空间的过渡，集中了本科室等候就诊的患者。门诊楼设计中，把门诊量大、病人行动不方便的科室放在下面，把门诊量少的科室放在上面，把联系频繁的相关科室尽量安排在同层或邻层，这些都是空间有序性的重要表现。

（2）空间的明晰性

简单明了的空间结构，主次分明的廊道，对于提高门诊建筑的可识别度有重要意义。医院建筑空间的放射性组合和医疗街的线性组合都具有明晰性这一特征。厅式放射组合是以门诊综合大厅为中心，各科室单元呈放射状环布四周。而医疗街式线性组合则是通过一条主要交通廊道将各功能空间联系起来。这两种方式的主次空间层次十分清晰，其便捷、明确、流畅的空间组织方式，有利于患者对门诊的总体功能布局形成清晰的意象，不仅提高了整体环境的可识别度，还能使患者在情绪上感到安全与安定。

（3）空间的诱导性

为了提高门诊内、外部各功能空间的易识别度，除了其空间结构简单明了，各功能空间有序排列之外，还需采用由容易引起患者注意的光、形、色等手法制作的诱导标志系统。门诊内部的诱导识别系统的设置，便于对各种人流的引导，有助于患者定向并认路、找路，增强了空间的可识别度，使就诊环境井然有序。设计精美、构思巧妙的诱导识别标志对美化内部环境、活跃气氛起到了相当大的作用。

2. 医疗环境中感官环境设计

（1）色彩环境

医疗环境中的色彩设计非常重要，因为除了艺术审美功能外，良好的色彩设计还能缓解人们的压力和紧张情绪。另外，特殊的医疗环境还可以通过色彩的设计避免医疗事故的发生。整体上来说，医疗环境中的色彩分层需要根据楼层、科室与标识系统相结合来进行设计。由于医疗空间的单元功能区域较多，空间组合较为复杂，因此应进行色彩的区域管理。在医疗空间总体色彩的构想下，每个医疗单元区域应确定相互联系又相互协调的主体色调，且此色调的选择应符合患者和医务工作人员的需求。

为了活跃环境、缓解空间紧张气氛，在允许的范围内，我们可以使用一些色彩来丰富空间的视觉环境，以减轻人们的疲劳感。另外，医疗环境中的色彩设计一定不能干扰医务工作人员的日常工作。

（2）光环境

照明是影响人对医疗环境空间看法的重要因素。光亮使我们能够执行视觉任务，有助于调节影响人类健康和性能的神经化学物质和激素（血清素和褪黑激素），还影响着我们的情绪。在设计医疗空间的光环境时，设计人员必须考虑建筑物的朝向，因为投照到建筑物的阳光会随季节全天变化。医疗环境中，我们要考虑增加自然光的总量，因为自然采光是提高医疗工作者对任务满意度的最佳光照方式。

为保证光环境的稳定性，我们要对建筑室内外进行有效的人工照明。医疗环境中的人工照明应该根据使用功能的不同而有不同的设计，如医疗工作区，我们要保证医疗工作的良好进行；而对于病房，我们则要考虑到过强的照明会影响患者的休息。另外，我们还要考虑用多功能的照明环境来满足不同活动形态对光环境的需求。既要有病人休息和日常起居时的光照模式，又要有医生对病人进行检查时所需要的光照模式。

（3）材料

医疗环境中所选用材料应该耐用，特别是功能性的空间，如治疗室、手术室等。室内应避免有难清洁的缝隙和接头区域。很多材料适合一种场所，但在其他环境中可能就会引起危险，例如光滑材料，它利于清洁，但也有使人摔倒的危险。即使一个不光滑的地板也会导致病人的恐慌，如果这个病人有某种系统缺陷，摔倒的概率则会加大。特别是当材料与室内色彩相结合时，色彩会影响人对材料的判断，例如明亮的颜色对比较暗的背景就会产生三维空间，因此我们应关注材料与色彩的关系。

（4）噪声

医疗环境是忙碌且吵闹的环境，设计有效的治疗环境时，应该考虑到噪声问题。医疗人员持续的对话和活动，各种设备的声音，后勤人员的清扫、维护活动等，这些都是医疗环境的噪声来源。噪声会引起很多问题，影响病人的治疗效果，加大病人和工作人员的焦虑与紧张感等。世界医疗组织建议病房的噪声是白天35分贝、晚上30分贝，最高不超过40分贝。在医疗环境设计中，造成噪声的一个主要问题是大量的坚硬（粗糙）表面和直角，这些因素导致噪声的折射和反射，但过度柔软的表面，如地毯，又会使微生物下沉（嵌入并积累在材料中），危害医疗环境。因此，我们需要考虑多种因素，选择不同的材料，如选用软木作为地板，方便清洁又能阻隔噪声。我们也可以通过设备或标识来减少噪声的产生。

（5）标识系统设计

我们可以把医院标识按级别进行分类，即大楼级、楼层级、科室级等，另外还有提示类、户外类等。标识的色彩应有强对比色和弱对比色两种，强对比色的标识牌针对病人和家属或不太熟悉医院的人员，方便他们从众多标识牌中迅速识别；弱对比色的标识牌针对医院内的医护人员和管理者，在视觉上更应与环境色调相似，尽量不干扰主导标识牌的识别。应根据人流和建筑自身特点，计算出患者需要的信息密度和合适的信息点，根据信息密度和信息点的位置设定标识牌的位置和面积大小。标识的形状可与墙面的艺术造型图案有机结合，形成医院独特的风景。标识不一定是以悬挂、粘贴等方式固定在建筑物表面的，也可以游动存在于病人的身上，我们称之为动态标识，如挂在患者身上的标识，当患者走失，其他医护人员看到色彩和图案，就能知道是哪一层哪个科的患者。

第二节 智能化理念下的室内陈设设计

一、基于智能化理念的室内陈设设计

大众之所以使用智能化产品，就是因为它省时、省力、安全、便利。然而，如今市面上很多智能化的产品并不被用户接受。经调查，这是因为设计者并未从消费者和用户的角度出发，而是一味追求高科技和经济利益。消费者与设计者不同，设计者能够很快地进行操作，而消费者在购买了智能化的家居产品后，不能够很快地接受其复杂的操作方式，或者没有达到其预先所期望的效果，没有良好的操作体验。这使消费者在情感上排斥智能化产品，而比起操作简单的普通产品，消费者更愿意接受后者。所以，人性化的智能家居设计产品要从消费者和用户的角度考虑，使智能化家居更加贴近人们的生活。如何消除消费者和用户对于智能化家居的抵触情绪，是设计者应该考虑的重点问题。

智能化室内陈设设计理念有以下特点。

（一）家居陈设智能化的实用性

实用性是家居陈设品设计首先要考虑的一个方面，没有实用价值的家居陈设品就不算是一款好的产品。设计者不能只追求产品的精美外观和造型，对于其实用价值也要融入产品的设计中。消费者在挑选家居陈设品时更加注重的是其实用性，其次才是产品的外观及高科技性能。如果说一款智能化家居设计产品其操作比较复杂，那么外观再精美也不会被消费者接受。设计师不能一味地因猎奇而忽视产品的实用性。一款产品要从实用性和艺术性两方面进行考虑和设计。一款产品是否具有实用性，可以从以下两个方面判断。

1. 个人需求是智能化是否有价值的重要体现

人们希望自己在家里可以越来越舒服、安逸和安全，智能家居就是从这些需求价值出发，产生的新技术。如果没有需求，那么也不会有创新。比如，那些独居的消费者，他们就会更倾向于有安全系统的产品，所以对于可以给予他们安全保证的高技术产品，他们的需求更大。

以 LifeSmart 为例，它是一款智能化的家居陈设用品，它主要由三部分构成，首先是智能插座部分，其次是环境感应器部分，最后是摄像头部分。这款产品的用户通过手机 App 可以实时观察到家里的情况。这款产品针对有老人或小孩的家庭，便于用户实时远程关注老人和小孩的生活。

2. 产品给予的价值利益也是智能化实用性的关键

消费者和用户在使用智能化家居时，其满意程度也受其心理因素的影响，包括"是否有用""是否好用""合适不合适""能否达到预期效果"等。这些因素都是从消费者的心理接受程度出发而得出的。一款好的智能化家居产品能够让用户产生良好的心理反应，给消费者带来更多的利益，同时提升家居设计产品的价值。

所谓产品的实用性，包括消费者的个人需求和产品的价值利益。以互联网公司墨迹天气出品的"空气果"为例，这是一款从用户需求出发而设计的产品，可以监测温度、湿度、二氧化碳以及 PM2.5 等数据。随着空气质量的不断恶化，人们对于空气检测越来越重视，智能的空气检测设备也就应运而生。但是，这对于改变空气质量没有任何意义，所以说这款产品并不存在价值利益。消费者需要的是在了解了空气质量之后，能够对糟糕的空气质量进行改善，空气净化设备才是消费者最终需要的产品。所以，智能化的家居产品不仅要符合用户需求，还要有其价值利益。

（二）家居陈设智能化的适用性

智能化可以给人们带来方便，但智能化在家居产品设计中要适度，既追求其实用性，又要给消费者带来方便。任何智能化家居陈设品都要遵循智能化的适度性原则，只有适度的产品才是好的产品。智能化的适度性主要包括两个方面，一方面是，从产品的实用性出发，应为了提高实用性能而把智能化融入家居陈设品的设计中，而不是为了某些噱头而强加在产品上。另一个方面是，不要为了提升产品的智能化而剥夺了使用者的使用乐趣，否则会得不偿失。科学技术在不断发展，但是将所有的东西都加入智能化的元素是不现实的。就像电子书代替不了纸质报纸和书籍一样，对于智能化要从用户的实际需求出发、从产品的实用性出发进行设计，不要让过多的智能化影响用户的使用体验。智能化家居陈设品中的适度性原则相当重要，只有把握好智能化的适度性，才能设计出更好的家居陈设品。

以 Neyya 智能戒指为例，这款戒指上安装了一块平整的 LCD 触控显示屏，可以屏幕从而进行更多功能性的操作，还可以连接到手机等设备上。正因如此，这款戒指比普通戒指要大，戴在手上显得笨拙。戒指作为饰品，主要是为了搭配着装，人们对于戒指的其他性能没有过多的追求，所以将智能化与戒指结合在一起是不容易被消费者接受的。

（三）家居陈设智能化的艺术性

在室内，家居陈设必不可少。如果室内没有家居陈设，那么整个房间就会显得单调。陈设艺术在家居设计中尤为重要。不同的室内陈设会使室内空间呈现不同的艺术风格。有现代的也有古典的，有朴素的也有奢华的，有城市风格也有乡村风格，有传统陈设也有欧美格调……就陈设艺术本身来说，它具有丰富的艺术表现力，我们能在家居陈设上感受到不同的风格特征，包括其形态、设计、图案、色彩、质地都会给人不同的艺术感受。室内陈设与整个的室内环境相互映衬，会使整个室内环境看上去更加协调。而智能化的陈设可以将这种艺术性发挥得更为突出。从色彩来说，当我们观察室内环境时首先的视觉感知必然是它的颜色。不同的颜色可以带来不同的心理感受。室内空间的色彩对室内空间的舒适度、空间意境、环境氛围有很大的影响。陈设品的色彩与室内环境的颜色通过互动、融合，实现室内环境与陈设设计的相互交融。而灯光可以使色彩的效果更为明显，如何将效果体现得更淋漓尽致，智能化的照明系统便可以解决。

（四）家居陈设智能化的亲和性

有让消费者拥有良好的情感体验，才能使智能化家居陈设更加具有亲和性，所以亲和性也是一个重要因素。美国学者戴维斯做了一个模型，这个模型叫作TA。主要是根据理性行为理论对用户关于高技术的接受、理解，以及人们对信息技术的接受程度所进行的预测。该模型的主张是人们在使用高科技产品时会受到心理因素和外部因素的影响。实验中提到了感知易用性，也就是说产品的设计以用户的使用感受和使用体验为中心。设计师们应努力给用户简单舒适的使用体验。

Sense是Sony公司最新发布的一款智能家居终端控制系统，亲和性在这款智能家居设计中尤为突出，产品更加人性化。Sense智能家居终端控制系统不仅拥有优雅的弧形外形设计，还有很强的学习能力，可以帮助用户监控家里的安全。用户可以通过语音控制家里的各种开关，可以对室内的温度进行调节，还可以远程播放音乐等。它超强的学习能力主要体现在当机器了解了用户的生活习惯后，可以自动工作。所以说，智能化的家居用品是比较贴近生活的。

二、智能化理念在室内陈设设计中的应用

（一）智能化陈设之"衣"

居室空间中的"衣"可理解为衣帽间、衣柜。衣柜是居室设计的重要组成部分，我们国家的衣柜设计也在朝着绿色化、智能化、个性化、艺术化的方向发展。尤其是技术含量高的五金配件与精细的单元柜体的相互配合，使得衣柜的功能和质量越来越优质稳定。

1.技术功能

衣柜的技术功能是智能化的体现，在有限的空间中，容纳越多的衣物表明衣柜的功能性强。而这种功能性主要通过五金件的细节设计表现。①智能收纳系统升降自如。一家人的衣服有几十件甚至上百件，并且种类繁多，一旦累积到一定的数量，衣柜便难以容纳。所以，现在的衣柜设计得都很高大，在衣柜中增加升降柜，可以使拿取方便快捷，从而很好地解决衣物收纳问题。智能衣柜的升降功能主要是针对高位柜体存取物不方便而设计的，是用人体感应系统来控制开关，实现柜体的上升和下降。②智能化环境优化系统自动除湿恒温。南方潮湿多雨，衣物潮湿难干。智能衣柜就像一台烘干机，可以通过衣柜门上的操纵面板将衣柜调节成烘干模式，防止衣物霉变。当感应器探测到衣物不再潮湿，系统会自动调节适合的温度和湿度给衣物一个最佳的存储环境，保

持衣物的光洁亮丽。③自动开启感应系统。通过人体感应衣柜门能自动打开。同时，衣柜门滑动设置成轻盈噪声低的模式。在衣柜门上安装智能穿衣镜，通过操纵面板可以快速找到所需的衣服，并且自动匹配衣服和用户之间的穿衣搭配，这样可以节省找衣服、搭配的时间。穿衣镜还显示天气预报的温度、湿度穿衣指南。④智能定位系统。通过内嵌平板电脑，可以获取用户所需的各种信息，包括天气预报、汽车时刻表、家庭电话等。如找不到物品时，可通过操纵面板进行搜索，操纵面板就会出现示意图，指示所需物品在衣柜的位置。

2.形象功能

衣柜的艺术性首先表现在风格上，现在家居设计整体简约，衣柜线条简洁，大多通过色彩的变化来达到先声夺人的效果。例如，突出衣柜的个性化，可以大胆采用明快的颜色，或长卷书画式的整体装饰。材质上可以选用木材、玻璃、金属、饰面板等多种材料的混合搭配。如简约的白色烤漆，既具有现代感的同时，还具有怀旧的气息。

（二）智能化陈设之"食"

1.技术功能

"民以食为天"，食物是生活的必需品。因此，智能化的厨房整体设计将更完美地迎合大众的需求。家庭厨房中常见的智能化设备就是电器产品冰箱、餐桌等。冰箱的设计前面已阐述，餐桌也已经向智能化方向发展。在米兰的展会上，最吸人眼球的是瑞典和德国的天才设计师设计的智能餐桌。这一款智能化餐桌，桌面既可制热又可制冷。这个设计可以减少食物来回移动的烦琐流程，也减少了冰箱的使用压力，还解决了冬天食物容易冷掉的问题。

智能餐桌内置隐形电磁炉，集合灶台上所有烹饪工具功能。根据大家一边看手机一边用餐的习惯，设计师专门开发了桌面充电功能。这款智能餐桌综合了电子、触屏控制、Wi-Fi链接等技术，不得不说对未来厨房的发展极有启发性。

专家们设想，在未来的厨房中，智能化会越来越普遍。甚至所有的家用电器都可以通过手机进行连接，进行手机控制。用户在任意地点随意发出命令，厨房中的烹饪设备带有的测温装置和控制装置，这样可以避免食物外溢。还可以根据冰箱的存储情况，通过App向超市发出订单需求。这样的智能化生活为人们节省了时间，更保证了安全。

2. 形象特征

目前，市场上的餐桌很多，按材质可分为实木餐桌、钢木餐桌、大理石餐桌、玉石餐台、云石餐桌等。通过调研整理发现，在餐桌的造型方面，市场上现在的产品可分为传统的几何形机械造型与趣味性很强的自然有机造型两种，而整体的趋势明显偏于后者，说明目前的炊具在实现基本功能的基础上开始注重满足消费者的精神需求。

现代年轻人不仅要求餐厅的造型的美感，还青睐便于收纳的款式。因此，便于收纳、美观时尚的餐桌是年轻群体对家用厨具的需求。

可以采用超薄型特殊白瓷砖复合材料，坚硬牢固、防火、抗霜、耐磨，还能防止微生物寄生。餐桌整体上给人一种视觉简洁大气，更符合年轻人的时尚个性。形态和结构的选择上，骨架是由航天级别的铝粉制成、通过喷砂、阳极氧化等处理后，安装在陶瓷板上。一方面增加结构稳定性，另一方面作为桌子底部半导体元件和控制电路等的散热片。桌脚和拉杆安装在铝骨架上，所有零件包上泡沫绝缘层。这种材质的桌子重量小于70kg，是目前制作的最轻最薄的智能餐桌。

（三）智能化陈设之"住"

1. 技术功能

卧室是为人们提供更好的休息以及更换衣服的私密空间。在卧室的设计上，要求其不仅仅具有功能性，还要具有艺术性，能够给人以舒适的视觉感受，带来精神上的愉悦。这就需要设计师在设计中，将卧室的功能性和艺术性达到完美统一，使其具有独特的韵味，同时又要简洁明快。在视觉感受上，要给人以轻松的、庄重的、典雅的、浪漫的感觉。所以，在卧室的装饰中，要运用多种表现手法，使其看上去既简单又富有韵味。卧室中的照明系统需要格外注意，一般选择智能化的照明控制系统，常会用到多个面板和开关，比如场景面板、液晶电视、单联大翘板复位式开关等。在开关的使用上，一般是在卧室门口和床头设置相关开关，在门口内侧使用单联复位开关，按下灯亮起，再按灯关闭。在床头位置设置场景开关，包括看书、休息、起夜等开关。按下起夜开关，卧室小灯亮起，灯光昏暗，同时通向卫生间的走廊的灯也亮起，这样既不会打扰他人休息，又能够方便起夜。当有人从走廊走过后，灯会自动关闭。早上起床时，"早安"按钮会发挥作用，按下按钮，灯光亮起，同时窗帘也会自动拉开。卧室的场景模式分为：提供正常生活起居的照明模式，也叫居家模式，主要以明亮坚固节能为主；能够给人影院感受的影院模式，包括电动窗帘，灯光的柔和，给人一种独特的影音感受；入夜模式，人性化的设计，避免刺眼的灯光，让夜起上厕所的人感觉舒适、安全；阅读模式，睡前看本好书，一键把灯光调到最喜欢的模式。

2. 形象功能

在所有家居产品中，床的使用频率是最高的。除了功能外，床已经逐渐成为室内装饰中的一部分，也成为生活品位的重要体现。对时尚元素的把握和对生活方式完美的呈现，将给产品设计带来新的活力。比如，两张床，从色彩来看，A 造型是一款椭圆形的床，像一个蛋形小屋。其表面材质是凝胶涂层的玻璃纤维，可以隔绝 90% 的外界噪声。床上配置四个音箱，50 盏 LED 灯，均可通过手机无线控制。此外，床垫的温度控制板可以使床体恒温。它配有生物感应系统，人躺在床上能感应人体的脉搏，LED 灯和音响随着人的脉搏节奏跳动，能够很好地解决现代年轻人失眠的问题。B 为一款智能双人床，设计上是简洁大方，深色床架和乳白色床垫十分大气，可以根据用户的睡眠习惯而调节床的角度。床垫可以根据用户的体温调节温度，可以通过用户数据统计和分析检测用户的身体状况，一旦发现异常就会发出警告。如果周围有人打鼾，可以通过操控另一边床垫，开启止鼾模式，这种模式下，床垫的一侧的头部位置会自动调整高度，使睡在上面的人呼吸平稳、停止打鼾。

（四）智能化陈设之"用"

随着科学技术的进步，智能技术应用越来越广泛，智能办公家具也越来越受到关注。对于忙碌的上班族来说，办公椅的位置摆放算得上最不关心的事情了。但椅子移来移去会把我们的办公室弄得一团糟，混乱的办公环境在一定程度上降低了办公效率。针对这一问题，日本著名的汽车制造公司制作了一种"智能椅子"，可以免去上班族整理办公室时的一些麻烦。

只要轻拍手，这款办公椅就会自动回到办公桌下。如果在会议室使用这种椅子，会议结束时，只需要拍拍手就可以放心离开。

目前，办公家具智能化在国内处于初始阶段，但从长远来看，随着互联网领域的深入，生产技术的创新和人们生活节奏的改变，人性化、便捷、高效率的智能化办公将是未来发展的趋势。

三、智能化室内陈设设计的实践发展

（一）"碧桂园"别墅设计

1.设计背景

科技发展日新月异，拉绳开关时代早已过去，按钮开关时代渐渐没落，而智能化时代正宛如一颗新星冉冉升起。下面这一案例是别墅智能化家居空间设计，以案例佐证智能化将是未来家居生活的发展趋势。

2.设计理念与构思

此案例位于长沙市关山古镇旅游区，景观设计十分优美，空气宜人，环境舒适。该设计在业主提供的建筑规划总平面的基础上，综合考虑室内空间的气温、光亮度以及空间功能，同时把设计重点放在智能化要"以人为本"的宗旨上。适应社会发展，优化人、建筑、社会与科技之间的关系，用科技提升人居环境。强调贴合人的生活习惯与生理需求，使业主们在家居生活中更加舒适、便捷。通过安全、健康、舒适、节能环保与科技智能融合，使智慧生活常态化。

本方案采用了进口的智能系统，它不仅将传统的面板开关、窗帘、插座等操作面板智能化，还将传统的家具、电器等陈设品智能化，并有效实现了对安防、灯光、室内温度、娱乐设备等陈设品的智能化控制，达到了有效、安全、节能、人性化的效果。

3.风格确定

在与业主交谈中，设计师了解了业主对风格的意向。欧式风格强调以华丽的装饰、浓烈的色彩、精美的造型呈现装饰效果。材料以进口大理石、进口壁纸、非洲柚木地板、欧式PU线为主。在陈设设计上用精美的地毯、色彩亮丽的织物来烘托整个室内空间的氛围。

笔者在本案智能化设计上使用的是全宅智能型，将安防报警系统、灯光、窗帘、新风、空调、影音娱乐等系统整合。

安防感应系统由门磁和感应器两部分组成，门磁安装在入户门及各房间门上，用于随时检测门的状态，若通往天台的门未关好，系统会自动推送信息提醒业主。门磁是灯光感应器，在夜晚或者光线较弱的情况下，业主用正确的指纹或密码进门后，灯光会自动亮起。如果有人闯入，则警笛响起、灯光全开，并立即推送警情信息给业主。

在智能化灯光设计中，采用感应器、智能操作面板、调光模块来编程，组成一个独立的照明系统。白天或室内环境光线较强的情况下，灯光无法启动；在夜晚或是室内环境光线较弱的环境下，人走到哪里灯光将自动亮起，人离开灯光将自动关闭；在业主入睡前将灯光设置成"睡眠模式"，大部分灯光亮度将为30%，满足夜起时适合的亮度，既便捷又节能。

客厅、餐厅、卧室、书房、影音室的窗帘全部设计成智能控制，夜幕低垂之时，卧室的窗帘自动关闭。客厅为两层挑空，采用电动开合加电动升降系统，电动窗帘的墙壁面板控制融入灯光控制触摸屏当中，避免因控制面板样式不一致而破坏美观。

智能化窗帘不仅体现在智能系统上，还体现在材质上——"智能织物"。这种布料能收集阳光和窗帘运动产生的能量供电，解决室内智能灯具系统的夜晚模式用电。其工作原理分为两部分：一部分是纤维化织物的太阳能电池模块，用于收集光的能量；另一部分是织物化的采集窗帘运动过程中微弱机械能放入模块。受到古代"飞梭织布"的启发，该技术利用新型高分子太阳能（光能）和纤维摩擦发电机所产生的能量（机械能），形成单层织物，受工作环境、阳光强弱、运动方式影响，两种能量部分转化成电能。在窗帘中嵌入发光装置纤维的新技术，通过白天的太阳能和机械能储存的电能发光。

根据一年四季每个季节的不同气温辐射的热量改变光子的反射方式，继而让窗帘的颜色发生改变。冬天天气较冷，窗帘呈现暖色调，夏天呈现冷色调。

窗纱选用的是可净化空气和杀菌去霉的智能化窗纱。可吸附、分解空气中的有害物质，生产二氧化碳、二氧化氮和水，起到安全降解有机物、净化空气的作用。窗纱表面的羧基等亲水自由基团，具有恒强的生物酶活性，使吸附后的细菌带上负电荷，使病毒失去活性，在充足的阳光下，被二氧化钛催化分解成二氧化碳和水。这款窗纱犹如一个强大的空气净化器，有效预防室内空气污染。

客厅影院系统的构建，智能化系统将客厅和主卧的电视、机顶盒、无线音响、灯光、窗帘整合。业主可以通过智能遥控器和移动触摸屏一键打开电视机、机顶盒，在客厅看电视时，白天纱帘会自动关上，晚上灯光会自动调降。房间的背景音乐系统设置成"晚安"模式后，房间内的灯光渐渐关闭，床头灯在 15 分钟内慢慢关闭，同时音响里开始播放音乐，30 分钟自动关闭。早上"晨唤"模式，到点后房间的床头灯慢慢变亮，窗帘缓缓打开，扰人的闹铃声变成优美的音乐声，美好的一天从音乐开始。

为了使室内空气更干净，本方案设计使用了中央吸尘系统。中央吸尘系统相对于传统的吸尘器，具有很大的优势。中央吸尘系统很好地解决了噪声大、第二次污染、清扫不彻底、吸力小及操作不方便等问题。

男业主是葡萄酒的爱好者，本方案在负一层设计了智能化私人酒窖。在酒窖内安装了传感器，酒架上安装了智能葡萄酒管家。可以通过智能触摸屏观察和控制酒窖内的温湿度数据，红酒最佳存储的湿度是 70%，温度是 10 ~ 12 度。葡萄酒管家很好地记录了每瓶酒的信息，自动追踪每瓶酒的状态，及时向业主反馈信息。还能将酒按品种、年份、产品、场地进行分类。只需给酒瓶贴上专属的芯片，将酒放在酒架上，App 会自动记录相关信息。

在室内绿植设计上，作者打破了传统的盆栽种植，用"垂直的概念"，将植物挂在墙面，并且将智能化与植物的种植相融合，既满足用户为室内环境添加一抹绿色的需求，也能够有效节省空间。这种种植方式是先将整体框架固定在墙壁上，而后再将装有培育用的智能泡沫和植物种子的生长模块装进框架中。花盆内置湿度、光照以及温度传感器，通过内置的蓝牙模块进行数据传输，就可在显示面板获得详细的植物培育建议。

业主通过显示面板接受浇水的通知，从而确保绿植拥有足够的水分。此外，为了确保业主长时间不在家时，植物能够正常生长，该设计特别设置了"智能灌溉系统"，它能够将每次浇水后多余的水存储起来，通过 App 远程操控，可以给植物浇水。

（二）室内空间陈设艺术智能化设计的价值与发展

从人们的居住环境能够看出人们的生活状态。随着物质文化水平的提高，人们不再满足于以前的家居设计。不管是从其功能性方面还是从其艺术性方面，传统家居设计都远远达不到人们的要求。而智能化家居设计，不仅为人们提供了生活上的方便，在其造型方面也符合人们对于绿色生态、高效节能、安全环保的生活理念和审美感受。所以，智能家居提升了人们生活空间的功能性及艺术性，营造了更好的艺术氛围。智能化控制系统在家居生活中，为人们营造了更加温馨舒适的生活环境，其功能给生活带来了更大的方便，其意义重大。在室内家居生活中，智能化控制系统的使用越来越普遍，对家具设计带来了重大的影响，是现代化的室内设计需要考虑的一个重要内容。

1. 室内空间陈设艺术设计智能化的价值分析

孟子云："居可移气，养可移体，大哉居室。"可见，住宅对人们生产生活的影响。有什么样的住宅就有什么样的生活，从住宅就可以看出人们的生活状态和精神状态。所以，设计在住宅中就显得尤为重要。科学技术的不断发展造成了人们的生活方式的改变，主要体现在两个方面。首先，智能化家居会让人们以此为中心，开展各种日常活动。其次，健康舒适、节能环保等可持续发展的生活理念融入住宅设计，使环境因素成为室内设计首要考虑的内容。全新的设计理念使得室内设计有所改变。

2. 室内空间陈设艺术设计智能化发展的局限性

智能化家居市场也得到了飞速的发展，但正因其发展迅速，所以存在很大的局限性。市面上出现的产品大多与智能化挂钩，对于消费者而言，就不容易去辨别哪些是智能产品，哪些不是智能产品。很多产品打着智能家居的幌子进行销售，这就是所谓的伪智能。伪智能产品进入市场的原因是普通家电行业为了进入智能市场，与互联网行业进行联合，将智能化当作卖点。虽然近几年智能化家居越来越普及，人们也越来越能够认识到智能化家居的优点，但很多的智能化产品不被大众接受。从近几年的情况来看，主要有以下原因。

（1）形式大于实际的功能

目前，市场上的智能家居陈设其形式大于功能，智能化只是一个噱头，为了增加产品的卖点，吸引消费者，提高产品的销售量，很多产品在外观形式上类似于智能化产品，而实际上不存在智能化的功能。比如有些家用电器，加上几个传感器，用户下载手机 App 之后就可以用电脑和手机进行操控，但实际上并不是真正的智能化，而是自动化的一个翻版。这些配置并不能够真正满足消费者的需求，反而误导消费者。

例如，某些智能化的洗衣机，在下载手机 App 之后就可以远程控制进行衣服的清洗，但在洗衣服时必须将脏衣服放到洗衣机里，既然需要人到洗衣机旁，就没有必要使用手机进行操控了。

（2）安全性问题

安全性问题是智能家居陈设首先要考虑的问题。很多安全系统智能管理器受到消费者的青睐，比如，某些可以进行远程监控的摄像头，通过手机或者电脑可以远程监控家中的实时情况，这类产品可以进行面部和声音的识别，以此确保家中的安全。但是，摄像头也存在着安全隐患。在美国就曾发生过这样的事情，当时引起了社会的很大反应。婴儿安全摄像头遭到了黑客入侵，黑客通过摄像头对婴儿进行辱骂等言语上的攻击。因此，智能化家居陈设在不能保证安全防黑客的情况下，很难让消费者放心使用。

（3）兼容性问题

市场竞争使得很多的智能化家居陈设大批量生产并流入市场，但是这样的智能化家居陈设并不是从消费者的角度出发进行设计的。不同的厂家生产的产品存在很大的差异，在其兼容性方面还存在很多不足。每个产品都是独立的个体，不能够与其他产品进行连接互通，这样就使得智能家居在使用方面存在很大的局限性。智能家居的理想效果是每个陈设品都可以互通互控，只有这样才能相互协调实现整个住宅的智能化。智能家居行业应该创造出一个可以互相连接、互相控制的平台，使各个智能家居能够相互连接起来，从而满足消费者的需求。

3. 室内空间陈设艺术设计智能化的设想与展望

室内空间陈设艺术设计智能化是在传统设计的基础上与智能化设计相结合，从而满足人们的需求，便于服务人们的生活，使家居陈设实现智能化的管理和控制，各个智能家居之间相互协作。家居装饰因为智能化的融入发生了很大的改变，这就需要设计者在进行设计时将智能化设计融入其中，使人们能够享受到健康舒适、安全环保、节能高效的家居环境。只有这样，才能让智能化家居在日常生活中得到普及，增添生活中的乐趣。

室内设计分为有形设计和无形设计，有形设计主要是对空间形式进行塑造，根据室内设计的基本方法和基本原理，对室内陈设进行设计和改变，包括陈设品的形态以及整个的空间布局，从功能、材料、色彩、造型、灯光等方面进行合理化设计，从而满足消费者的使用需求和审美需求。无形的设计主要是指从人们的生活习惯、生活方式、人的心理等方面进行的设计，没有固定的形态。通过智能家居陈设改善室内的灯光、温度、湿度、声音等物理环境，构建出更加健康舒适、安全环保、节能高效的家居环境，给人舒适的生理和心理体验。

智能化家居系统主要是通过改变人们的室内环境从而达到智能化家居产品的使用效果。举个例子来说，门作为室内设计的一个重要部分，通过门进行采光和通风，门的位置和方向的改变会影响到室内的采光以及通风。智能化的新风系统主要是通过空调的工作实现室内外的气体交换，空调可以对室外空气进行过滤，控制送风量，使进入室内的空气达到一个合适的温度，这样就会避免因改变门的位置而导致空气不能流通的弊端。通过智能采光系统弥补室内的采光不足，将更多的阳光引入室内。智能化家居使空间的设计更加具有灵活性，使空间装饰更加丰富

智能家居陈设将智能家具、智能厨房、智能卫生间、智能卧室等引入家居设计，改变传统的家居陈设，使有限的空间得到无限的功能及艺术感受。比如，人不仅可以通过电脑和手机对室内陈设进行改变，还可以将一面墙或一个写字台作为交互平台。室内的装饰画可以随意更改尺寸和内容，在家中就可以享受世界名画带来的艺术熏陶。

室内设计不仅仅能够体现室内装饰艺术，还能够看到科技的进步和思维上的创新。室内设计包括的内容很多，除了其艺术性外，还包括建筑方面的很多原理和方法，比如室内的水暖结构、电气结构等方面的知识。一名优秀的室内设计师，不仅要具备本专业的优秀素养，还要了解其他学科的专业学科知识，掌握传统室内设计与现代化智能设计之间的联系和差异，从而使传统室内设计与现代智能化室内设计相结合，设计出更加优秀的作品。

参考文献

[1] 毕小莉, 张祥和. 建筑室内设计中山水画的运用与实践 [J]. 工业建筑, 2023,53（8）: 265.

[2] 陈丹聃. "双碳"战略背景下建筑室内设计中节能方法 [J]. 鞋类工艺与设计, 2023,3（15）: 101-103.

[3] 陈柯宇. VR 技术在建筑室内设计中的应用探究 [J]. 大观, 2022（12）: 57-59.

[4] 陈丽君, 卢永. 当代建筑室内设计中生态理念的应用研究 [J]. 大众文艺, 2022（22）: 34-36.

[5] 陈薪宇. 绿色设计理念在建筑室内设计中的应用 [J]. 鞋类工艺与设计, 2023,3（16）: 180-182.

[6] 丁翠. 居住建筑室内设计中的建筑节能策略研究 [D]. 邯郸: 河北工程大学, 2010.

[7] 符睿. 虚拟现实技术在建筑室内设计中的应用 [J]. 居舍, 2023（16）: 18-20.

[8] 高婷, 贾欣. 浅析建筑室内设计中新中式风格的传承与融合 [J]. 天工, 2022（31）: 69-71.

[9] 高梓铭. 工业遗产视野下中东铁路建筑室内设计保护研究 [D]. 长春: 吉林建筑大学, 2023.

[10] 何宝明. 现代学徒制下产教融合项目化教材开发研究: 以建筑室内设计专业为例 [J]. 山西青年, 2023（16）: 49-51.

[11] 黄哲. 建筑室内设计中色彩元素的创新运用 [J]. 大观, 2023（4）: 64-66.

[12] 雷婷婷. 公共建筑室内设计的本真性研究 [D]. 哈尔滨: 哈尔滨工业大学, 2013.

[13] 李正南. 绿色生态理念在建筑室内设计中的应用研究 [J]. 鞋类工艺与设计, 2023,3（15）: 165-167.

[14] 刘寅. 建筑室内设计中巧妙融合新中式风格的方法与创新 [J]. 艺术家, 2023（4）:

44-46.

[15] 谭翠芝 . 装饰材料与施工工艺在建筑室内设计中的应用 [J]. 居舍 ,2023(17): 63-65.

[16] 王维 , 马旭 . 建筑室内设计专业群课程体系构建 [J]. 知识窗（教师版）,2023（9）:
12-14.

[17] 王芷菁 . 油画在建筑室内设计中的运用 [J]. 上海包装 ,2023（6）: 75-77.

[18] 徐亦白 . 建筑室内设计中色彩元素的运用分析 [J]. 大观 ,2023（2）: 52-54.

[19] 于镔 . 室内空间中形式的异化与创新研究 [D]. 大连：大连理工大学 ,2010.

[20] 张平 . 建筑室内设计中装饰材料的应用及搭配分析 [J]. 建材发展导向 ,2022,20(24):
23-25.

[21] 张心玥 . 建筑室内装修设计中色彩元素的应用研究 [J]. 中国住宅设施 ,2023（8）:
34-36.

[22] 周媛 . 新东方主义建筑室内设计实践研究 [D]. 沈阳：沈阳建筑大学 ,2011.